U0257947

权威·前沿·原创

皮书系列为
"十二五"国家重点图书出版规划项目

河北食品药品安全蓝皮书

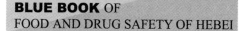

BLUE BOOK OF
FOOD AND DRUG SAFETY OF HEBEI

河北食品药品安全研究报告
(2015)

REPORT ON FOOD AND DRUG SAFETY OF HEBEI
(2015)

主　　编／丁锦霞
副 主 编／王金龙　彭建强

社会科学文献出版社
SOCIAL SCIENCES ACADEMIC PRESS (CHINA)

图书在版编目（CIP）数据

河北食品药品安全研究报告.2015/丁锦霞主编.—北京：社会科学
文献出版社，2015.6
（河北食品药品安全蓝皮书）
ISBN 978 - 7 - 5097 - 7573 - 8

Ⅰ.①河…　Ⅱ.①丁…　Ⅲ.①食品安全－安全管理－研究报告－
河北省－2015 ②药品管理－安全管理－研究报告－河北省－2015
Ⅳ.①TS201.6 ②R954

中国版本图书馆 CIP 数据核字（2015）第 117431 号

河北食品药品安全蓝皮书
河北食品药品安全研究报告（2015）

主　　编／丁锦霞
副 主 编／王金龙　彭建强

出 版 人／谢寿光
项目统筹／高振华
责任编辑／高振华　郑庆寰

出　　版／社会科学文献出版社·皮书出版分社（010）59367127
　　　　　地址：北京市北三环中路甲29号院华龙大厦　邮编：100029
　　　　　网址：www.ssap.com.cn
发　　行／市场营销中心（010）59367081　59367090
　　　　　读者服务中心（010）59367028
印　　装／北京季蜂印刷有限公司

规　　格／开本：787mm×1092mm　1/16
　　　　　印张：19.25　字数：257千字
版　　次／2015年6月第1版　2015年6月第1次印刷
书　　号／ISBN 978 - 7 - 5097 - 7573 - 8
定　　价／79.00元

皮书序列号／B - 2015 - 444

本书如有破损、缺页、装订错误，请与本社读者服务中心联系更换

▲ 版权所有 翻印必究

摘　要

食品药品安全事关百姓福祉与社会和谐稳定，政府高度重视，百姓十分关心，媒体特别关注。2014年是全面深化食品安全监管体制改革的关键之年，河北省委、省政府，全省各级食品药品监管部门认真贯彻落实党中央、国务院关于食品药品安全工作的一系列重要决策部署，把食品药品安全工作放在更加突出的位置，履职尽责、攻坚克难，为全省经济社会发展营造了良好的食品药品安全环境，食品药品安全状况整体呈现稳中向好趋势。

为科学评价河北省食品药品质量安全状况，充分展现河北省在改善食品药品安全状况方面所做的努力，深入探究河北省食品药品安全发展的路径模式和演变轨迹，2014年10月至2015年3月，河北省政府食品安全委员会办公室、省食品药品监督管理局会同省农业厅、省林业厅、省卫生计生委、省公安厅、省质监局、河北出入境检验检疫局、省社科院等部门联合撰写了《河北食品药品安全研究报告（2015）》（以下简称《报告》）。

《报告》分为总报告和分报告两个部分，以食品安全内容为主。总报告分食品、药品、医疗器械三篇文章，全面客观地展现了河北省食品药品安全状况。分报告由《2014年河北省蔬菜质量安全状况分析及对策研究》、《河北省畜产品质量安全状况分析及对策研究》、《2014年河北省水产品质量安全状况分析及对策》、《河北省果品质量安全状况分析及对策研究》、《河北省食品工业产品质量安全状况分析及对策建议》、《河北省流通消费环节食品安全监管及对策建议》、《河北省食品相关产品质量安全状况分析及对策研究》、《河北省进出口食品质量安全状况分析及对策研究》等8篇文章组成，深入剖析了食品安全主要领域质量安全现状和存在的主要问题。11篇文章相辅相成，点面结合，为公众全面、深入地了解河北省当前的食品药品安全状况提供了科学参考。

《报告》主要有以下特点。

一是全方位。总报告宏观呈现和子课题专项研究有机结合，尽量全面而准确地反映近年来河北省食品药品安全的总体变化情况，科学评估当前的食品药品安全形势，研究探寻今后的发展路径。

二是全链条。《报告》着眼于食品供应链的完整体系，涉及种植养殖、畜禽屠宰、生产加工、流通、消费、进出口等各个环节。

三是大数据。通过对监管部门监督抽检、风险监测、日常监管等大量基础数据的汇总、提炼，河北省食品药品安全状况的整体图景较客观地呈现出来，为政府发出权威声音、公众了解真实信息提供了良好平台。

四是多维度。《报告》蕴含了大量的食品安全信息，对政府决策有重要的参考价值，为业界同人提供了珍贵的数据资料，也为食品安全各方参与主体清晰认识当前的食品安全状况提供了科学参考。

作为河北省第一本食品药品专项研究报告，它的重要意义毋庸置疑。但是，影响食品药品安全的因素是多样而复杂的，也同样无法寻求一种一劳永逸的模式和路径，抛砖引玉、探索完善才是报告撰写的初衷。受各种客观条件的限制，本报告也存在着诸多不足之处。如药品安全方面的专项研究尚未跟进，整个报告的框架设计还不够完整，专业研究的深度、广度有待进一步拓展，问题剖析得还不够透彻，等等。这些问题在以后的年度报告和学术研究中有待进一步提高、完善。

希望《河北食品药品安全研究报告（2015）》能够为提升河北省食品药品安全水平、保障百姓饮食用药安全做出积极的贡献。更希望在今后的报告编写中内容更加完善，结论更加权威，信息更加全面，研究更加深入。

Abstract

The food and drug safety has a bearing on people's happiness and benefits and social harmony and stability, thus receiving special attentions from governments, people and media. The year 2014 is a critical year for deepening the reform of food safety administeration systems in an all-round way, during which the CPC Hebei Provincial Committee, Hebei Provincial Government, and at all levels of food and drug administrations across the province well implement a series of important strategic decisions of the Party Central Committee and the Sate Council on the food and drug safety, more prioritize the food and drug safety, fulfill their duties, and strive to overcome difficulties, thus creating a good environment for the food and drug safety for the economic and social development across the province, and the overall situation of food and drug safety has a steady and improving tendency.

With a view to making a scientific assessment of the food and drug quality safety situation in Hebei Province, fully exhibiting Hebei Province's efforts in improving the food and drug safety situation, and making a deep exploration of Hebei Province's path modes and evolutions in the advancement of food and drug safety, the Food Safety Committee Office of Hebei Provincial Government, and Food and Drug Administration of Hebei Province, together with Department of Agriculture of Hebei Province, Department of Forestry of Hebei Province, Health and Family Planning Commission of Hebei Province, Department of Public Security of Hebei Province, Administration of Quality and Technology Supervision of Hebei Province, Entry-Exit Inspection and Quarantine Bureau of Hebei Province, Hebei Provincial Academy for Social Sciences, etc., wrote

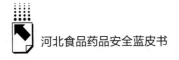

Report on Food and Drug Safety of Hebei (2015) (hereinafter called the Reports in short) in October 2014 - March 2015.

The Reports falls into the two parts of General Reports and Sub-Reports, mainly contents of food safety. General Reports falls into the three parts of Food Reports, Drug Reports, and Medical Apparatus Reports, and exhibits the food and drug safety situation in Hebei Province fully and objectively. Sub-Reports is comprised of the eight parts of "An Analysis of Vegetables Quality Safety Situation in Hebei Province and Its Solution Study", "An Analysis of Livestock and Poultry Product Quality Safety Situation in Hebei Province and Its Solution Study", "An Analysis of Aquatic Product Quality Safety Situation in Hebei Province and Its Solution Study", "An Analysis of Fruit Quality Safety Situation in Hebei Province and Its Solution Study", "An Analysis of Food Industry Product Quality Safety Situation in Hebei Province and Its Solution Proposals", "Food Safety Supervision over Circulation and Consumption in Hebei Province and Its Solution Proposals", "An Analysis of Food-related Product Quality Safety Situation in Hebei Province and Its Solution Study", and "An Analysis of Import & Export Food Quality Safety Situation in Hebei Province and Its Solution Study", which makes a deep analysis of quality security situation and existing main problems in major fields of food safety. The 11 parts complement each other, combine "point" and "area" studies, and provide scientific references for the public having a full and deep knowledge of the current situation of food and drug safety in Hebei Province.

The Reports mainly has below characteristics:

(1) All aspects. General Reports well combines macro-exhibitions and special sub-program studies, maximizes a full and accurate reflection of the overall development situation of the food and drug safety in Hebei Province in recent years, conducts a scientific assessment of the current situation of food and drug safety, and makes a study and exploration of future's development paths.

(2) Whole chain. The Reports, with an eye to the whole system of

food supply chain, covers the whole links of planting and breeding, livestock and poultry slaughtering, production and processing, circulation, consumption, import and export, etc..

（3）Big Data. Collection and extraction of large amounts of basic data of supervision and sampling inspection, risk monitoring, and routine supervision by supervision administrations objectively exhibits the entire situation of the food and drug safety in Hebei Province, and provides a good medium for the government releasing authoritative information, and the public getting access to real information.

（4）Multi-dimensions. Large amounts of food safety information contained in the Reports has important reference value for governmental decision-making, and provides valuable data materials for counterparts in the field, as well as scientific references for participators in food safety having a clear knowledge of the current situation of food safety.

As the first special study report on foods and drugs in Hebei Province, it has an important significance of serving as a link between the past and the future. However, factors influencing the food and drug safety are diverse and complex, it is impossible to seek a permanent mode and path, and making an exploratory study for future improvements is the chief original intention for writing it. Restricted by various objective conditions, it also has lots of defects, for instance, special studies in drug safety have not followed up yet, its framework design has not been complete, the depth and width of professional studies needs further extension, problems need a further deep and thorough analysis, etc.. These defects need to be rectified for improvement in future's yearly reports and academic studies.

It is desirable that *Report on Food and Drug Safety of Hebei* (2015) makes vigorous contributions to upgrading the level of food and drug safety in Hebei Province and guaranteeing the safety of people's foods and drugs; it is more desirable that contents are more improved, conclusions more authoritative, information more comprehensive, and studies more deepened in future's report writing.

目　录

皮书数据库阅读**使用指南**

CONTENTS

B I General Reports

B II Sub–Reports

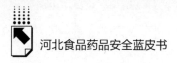

总 报 告

General Reports

B.1

2014年河北省食品安全报告

河北食品药品安全研究报告课题组

摘 要： 食品安全事关人民群众身体健康和生命安全，事关经
济发展和社会稳定，是社会各界普遍关注的民生问
题。当前，食品安全形势总体处于风险高发和矛盾凸
显阶段，保障食品安全任务十分艰巨。2014 年，通过
加快完善食品安全管理体制机制、深化治理整顿、扩
大宣传教育、打击违法犯罪、推进社会共治等措施，
河北省食品产业快速发展，食用农产品、加工食品、
食品相关产品监督抽检合格率维持在较高水平，风险
监测发现的可能存在风险的问题样品比例较低，食品
安全形势总体保持平稳。

关键词： 食品安全 食品产业 监督抽检 风险监测

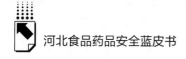

食品安全事关人民群众生命、健康，事关经济社会和谐稳定，事关中华民族兴衰存亡，是社会发展和文明进步的重要标志。河北省委、省政府始终高度重视食品安全，一直将其作为重要民生工程，监管力度不断加强，监管体系日趋完善，监管措施切实有效。各级地方政府、食品安全相关部门履职尽责、通力合作，在完善体制机制、深化治理整顿、扩大宣传教育、打击违法犯罪、构建群防群控格局方面做了大量工作。全省上下食品安全意识普遍增强，生产经营秩序进一步好转，产业稳步发展，质量稳定可靠，食品安全总体形势平稳向好。

一　食品产业发展概况

（一）食用农产品生产在全国占有重要地位

河北是农业大省，是京津地区重要的农副食品供应基地，年产各类鲜活农产品逾亿吨。蔬菜、果品、畜牧为河北农业三大优势产业，占农林牧渔业总产值的比重达 69.9%，在全国占有重要地位。

1. 蔬菜产量名列前茅

2014 年，全省蔬菜播种面积 123.75 万公顷，产量 8125.7 万吨，蔬菜产量居全国第 2 位。主要品种包括叶菜类、白菜类、甘蓝类、根茎类、瓜菜类等 130 余种。主要分布在四大产区：以永年为核心的冀南叶菜生产区，以藁城、新乐、定州、定兴、永清、固安、安次、肃宁、青县、饶阳等为核心的冀中拱棚蔬菜生产区，以承德山区、乐亭、丰南、滦南、昌黎等为核心的冀东日光温室集中产区，以及张家口、承德坝上地区的错季蔬菜产区。全省蔬菜生产专业合作社 1250 家，千亩以上蔬菜产业省级园区 90 个、部级园区 142 个。

2. 果品生产优势突出

2014 年，全省果树面积 2737 万亩，产量 1467 万吨，均居全国前列，其中梨、京东板栗、杏扁产量居全国第一位，红枣、苹果、葡萄、核桃、柿子产量居全国前列。全省90%的县（市、区）、30%的农村、25%的农民从事果品生产经营，拥有赵县、沧县等国家级"中国名特优经济林之乡"45个，果品类协会和合作组织3000多家，国家和省级名牌产品126个，绿色、有机果品213种，地理标志认证产品23个。

3. 畜产品生产形成规模

2014年，全省畜牧产业保持平稳发展。蛋鸡、生猪和奶牛规模养殖比例分别达到92.5%、80.9%和100%，全年肉类、禽蛋、牛奶产量分别为470万吨、365万吨和490万吨。其中，生猪存栏1915.5万头，出栏3638.4万头，猪肉产量281.2万吨；肉牛存栏154.8万头，出栏320.6万头，牛肉产量52.4万吨；羊存栏1526.4万只，出栏2189.3万只，羊肉产量30.4万吨；家禽存栏3.87亿只，出栏5.96亿只，禽肉产量88.2万吨；奶牛存栏198.1万头。

4. 水产品生产保持稳定

2014年，全省水产养殖开发总面积306万亩（海水养殖192万亩，淡水养殖114万亩），水产品产量126.4万吨，同比增长2.7%。出口4.47万吨，同比增加17.69%，出口金额4.56亿美元，居全国第8位。有养殖企业9755家，渔业专业合作社144家，水产种苗场420个（其中国家级水产原良种场3个、省级水产原良种场26个），渔用饲料厂30多家，较大规模的水产批发市场21处。

（二）食品工业稳步发展

截至2014年底，全省拥有获得食品生产许可证企业5326家，其中规模以上企业1049家。2014年，规模以上企业完成主营业务收入3138.54亿元，同比增长6.04%；实现利税266.31亿元，利润175.89亿元。全省已经形成包括农副食品加工，食品制造，酒、饮料与精制茶制造三大门类（不含烟草制品业）、17个中类（不含饲料加工）、45个小类比较完整的食品工业体系。

1. 8个骨干行业脱颖而出

2014年，植物油加工、粮食加工（谷物磨制）、屠宰及肉类加工、淀粉及淀粉制品制造、乳制品制造、饮料制造、酒的制造、方便食品制造等8个中类行业完成主营业务收入2491.84亿元，占全部17个中类行业总额的79.39%，形成河北食品工业骨干。其中，植物油加工、粮食加工2个中类行业主营业务收入占全部17个中类行业总额的28.30%（见表1）。

表1 2014年8个骨干行业主营业务收入占比

单位：亿元，%

序号	行业名称	主营业务收入	占全部食品工业比重
1	植物油加工	505.79	16.12
2	粮食加工	382.37	12.18
3	屠宰及肉类加工	354.15	11.28
4	淀粉及淀粉制品制造	316.16	10.07
5	乳制品制造	259.17	8.26
6	饮料制造	237.07	7.55
7	酒的制造	236.15	7.52
8	方便食品制造	200.98	6.40

2. 乳制品、方便面、小麦粉等产品产量居全国前列

2014年，全省乳制品产量328.9万吨，其中液体乳产量323.1万吨，均居全国首位；方便面产量128.0万吨，居全国第2位；小麦粉产量1009.8万吨，居全国第5位。其他大宗产品产量分别是：精制食用植物油169.5万吨，鲜冷藏肉103.1万吨，软饮料488.8万吨，白酒2.94亿升，啤酒16.57亿升，葡萄酒产量0.67亿升，罐头49.3万吨，乳制品、方便面占全国同类产品总产量比重均超过10%（见表2）。

表2 **2014 年河北食品工业重点产品产量**

产品名称	产量	在全国位次
小麦粉(万吨)	1009.8	5
精制食用植物油(万吨)	169.5	13
鲜冷藏肉(万吨)	103.1	—
方便面(万吨)	128.0	2
乳制品(万吨)	328.9	1
其中:液体乳(万吨)	323.1	1
乳粉(万吨)	4.4	—
罐头(万吨)	49.3	10
酱油(万吨)	3.8	—
饮料酒(亿升)	20.54	13
其中:白酒(亿升)	2.94	13
啤酒(亿升)	16.57	12
葡萄酒(亿升)	0.67	—
软饮料(万吨)	488.8	14
其中:碳酸饮料(万吨)	33.7	20
包装饮用水类(万吨)	146.6	17
果蔬菜汁饮料(万吨)	82.0	13
食品添加剂(万吨)	31.3	—

3. 涌现了一批龙头企业和集中生产区

2014 年，全省主营业务收入超 10 亿元的食品工业企业 35 家。其中，100 亿元以上企业 1 家，50 亿~100 亿元企业 3 家，20 亿~50 亿元企业 10 家，10 亿~20 亿元企业 21 家。截至 2014 年底，全省食品工业拥有河北省名牌 203 项、省优质产品 177 个。涌现了一批食品加工集群县。其中，经中国食品工业协会认定的食品强县 13 家，分别是大名县、宁晋县、昌黎县、新乐市、遵化市、隆尧县、大厂回族自治县、滦县、三河市、河间市、冀州市、唐山市丰润区、沧县。

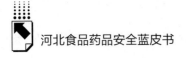

（三）食品流通、餐饮服务业规模不断扩大

近年来，河北省先后实施了"万村千乡市场工程"，以"提倡绿色消费、培育绿色市场、开辟绿色通道"为核心的"三绿"工程，各地先后建起一批农副产品批发市场，覆盖全省城乡的食品、鲜活农产品流通体系日臻完善。餐饮服务业积极推进"明厨亮灶"工程，突出食品安全主题，强化企业自律，增强了买卖双方互信，发展步伐更加稳健。截至2014 年底，全省获得食品流通许可的食品流通经营单位 27.07 万家，其中批发单位 2768 家、零售单位 23.06 万家、批发兼零售单位 3.74 万家。获得餐饮服务经营许可的餐饮服务经营单位 76231 家，其中中央厨房 30 家、集体用餐配送单位 30 家、集体食堂 12373 家、各类餐馆 63798 家。2014 年，全省限额以上食品批发零售单位零售额 354.3 亿元、餐饮服务业营业额 1600.05 亿元，同比分别增长 12.5%、16.6%。

二　食品安全状况

（一）食品安全总体形势保持平稳

2014 年，全省食用农产品、加工食品、食品相关产品监督抽检合格率维持较高水平，风险监测发现的可能存在风险的问题样品比例较低，检出的监督抽检不合格和风险监测问题样品（以下统称不合格样品）多属一般质量问题，未发现大范围非法添加禁用物质等恶性违法犯罪情况，食物中毒死亡人数与往年持平，全年未发生重大食品安全事故，食品安全总体形势保持平稳。

1. 省内市场食用农产品、加工食品、食品相关产品监督抽检合格率平均超过95%

依据食品安全国家标准，2014 年，省政府有关部门在全省范围对食用农产品、加工食品、食品相关产品进行监督抽检，抽取样品近7万例，覆盖农产品种植、养殖、食品生产、食品流通、餐饮服务各个环节，结果表明，总体合格率在95%以上。其中蔬菜、畜产品、水产品、果品等食用农产品合格率分别为98.85%、99.9%、97.6%、99.61%，加工食品合格率为95.18%，食品用塑料包装、纸包装等食品相关产品合格率为99.05%。

2. 省内市场食用农产品、加工食品、食品相关产品风险监测合格率平均超过90%

突破食品安全国家标准，对国家标准未做规定的有毒有害因素进行风险监测性检验，是发现食品安全风险的重要途径，也是对监督抽检的重要补充。2014年，河北省卫生计生委在全省范围抽取食用农产品、加工食品、食品相关产品三大类共6252例样品，对其中的农兽药残留、生物毒素及生产加工过程中产生的有机污染物等9个大类117项有毒有害因素进行风险监测，结果表明合格率为98.38%；抽取肉与肉制品、水产及其制品、调味品等8种3655例样品，对其中的微生物和致病菌进行风险监测，结果表明合格率为92.9%。河北省食品药品监督管理局对省内市场20类4481例加工食品开展有毒有害因素风险监测，合格率为91.82%。

3. 河北食品在省外市场抽检合格率保持较高水平

2014年，国家食品药品监督管理总局以加工食品为主，在全国范围内对各类食品同时进行监督抽检和风险监测。其中，在29个省、区、市（含河北省）抽到河北食品，共计6864例。河北食品在全国范围监督抽检合格率为94.62%、风险监测合格率为97.19%、综合合格率（监督抽检、风险监测均合格的样品占同时进行监督抽检和风险监测两种检验的样品比例，下同）为94.29%。其中进入省外市场的河北食品的监督抽检、风险监测和综合合格率均好于省内市场（见表3）。

表3　河北食品在全国市场抽检监测情况

单位：%

抽检区域	全国市场	其中	
		河北市场	省外市场
监督抽检合格率	94.62	94.04	97.05
风险监测合格率	97.19	96.99	97.97
综合合格率	94.29	94.04	95.24

4. 进出口食品质量保持较高水平

2014年河北辖区进口食品1076批，货值1.42亿美元，主要产品有食用油、乳与乳制品、粮食制品、动物内脏及杂碎和酒类，进口食品检验检疫合格率为97.4%。2014年出口食品27597批，货值18.37亿美元。出口量前五位的依次是水产品及制品、肉脏杂碎及制品、罐头、糖果制品和果蔬制品，出口食品检验检疫合格率为99.74%。

5. 三聚氰胺、瘦肉精等禁用物质检出率逐年下降

省级监管部门组织的抽检中，乳品连续4年未检出三聚氰胺，猪肉瘦肉精、水产品硝基呋喃类药物等禁用物质以及塑化剂等有毒有害物质检出率逐年下降。2014年，省卫生计生委对生鲜肉中的瘦肉精进行风险监测，抽检样品234份，仅在2份牛肝中检出瘦肉精，总检出率为0.85%，分别比2013年和2012年下降0.86个和1.75个百分点。对鲜活淡水鱼禁用的硝基呋喃类药物进行风险监测，75份样品中，1份阳性，阳性率为1.33%，比2013年下降1.37个百分点。2012年以来，省级监管部门在个别白酒、小品种食用植物油中检出塑化剂，这些产品均为中、小型企业所产，经核查，均为塑料材质的生产管路或包装容器迁移所致，经过整治，这种现象逐年减少。

国家食品药品监督管理总局、河北省食品药品监督管理局对河北市场监督抽检结果表明，微生物、食品添加剂超标和品质指标不符合

要求是导致监督抽检不合格的主要因素，非法添加禁用物质所占比例很低（见图1和图2）。

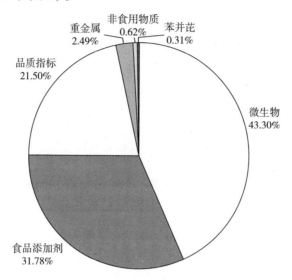

图1   国家食品安全监督抽检不合格项目分布

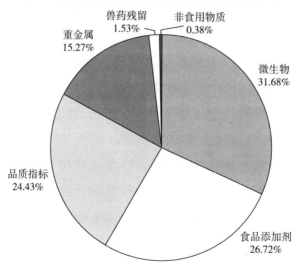

图2   省本级监督抽检不合格项目分布

6. 全年未发生重大食品安全事故

2014年，全省食源性疾病暴发报告系统共报告食源性疾病36

起，发病387人，死亡1人（系家庭餐饮误食亚硝酸盐）。其中，30～100人1起、30人以下的35起。按照国家食品安全事故分级标准，较大食品安全事故1起、一般食品安全事故35起，食源性疾病发病状态平稳，无重大食品安全事故发生（见图3）。

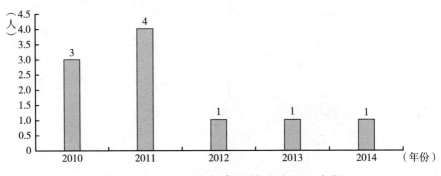

图3　2010～2014年食源性疾病死亡人数

（二）大宗食品质量可靠

1. 蔬菜——合格率98.85%

2014年，河北省农业厅在全省生产和流通环节共抽检蔬菜样品2859例，合格2826例，合格率98.85%，比2013年提高了0.35个百分点。抽检品种包括番茄、黄瓜、白菜、甘蓝、豆角、茄子、青椒、韭菜、油菜、莜麦菜、芹菜、蒜薹、茴香、马铃薯、尖椒、西葫芦、菠菜、萝卜和食用菌等72种，检验项目包括甲胺磷、氧乐果、久效磷、氰戊菊酯、甲氰菊酯、氯氟氰菊酯、涕灭威、灭多威、克百威、阿维菌素等有机磷、有机氯、拟除虫菊酯、氨基甲酸酯类农药残留69项。共检出不合格样品33例，其中叶菜类22例、茄果类9例，分别占超标样品的66.67%、27.27%；鳞茎类蔬菜、食用菌类各1例，均占超标样品的3.03%（见图4）。

超标农药有克百威（含三羟基克百威）、氧乐果、毒死蜱、多菌灵、异丙威、腐霉利、氟虫腈7种，共33次。其中，禁止在蔬菜上

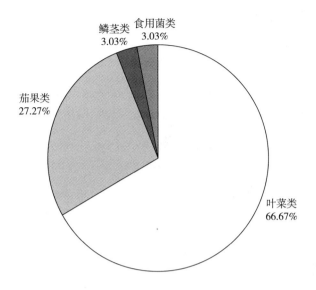

图4 农药超标蔬菜品种分布

使用的克百威超标24次、氧乐果超标3次、氟虫腈超标1次；允许在蔬菜上使用的毒死蜱超标2次，多菌灵、异丙威、腐霉利各超标1次（见图5）。其他62种农药检验项目全部合格。

2. 果品——合格率99.61%

2014年，河北省林业厅在全省生产和流通环节共抽检果品2036例，合格2028例，合格率99.61%，比2013年提高0.5个百分点。抽检以苹果、梨、葡萄、桃、枣、核桃等河北省大宗栽培品种为主，兼顾香蕉、橘子、菠萝等市场主销外来果品。检验项目包括甲胺磷、对硫磷、甲基对硫磷、久效磷、磷胺、氧乐果、六六六、滴滴涕、氰戊菊酯、甲氰菊酯、氯氰菊酯等有机磷、有机氯、拟除虫菊酯类农药残留27项。共检出不合格样品8例，其中葡萄5例、桃2例、苹果1例。超标农药为氧乐果、氰戊菊酯2种，其中氧乐果超标6次，氰戊菊酯超标2次，其他25种农药检验项目全部合格。河北省主产果品中，梨、枣、核桃抽检合格率均为100%，苹果合格率为99.73%，桃、葡萄合格率分别为99.46%、

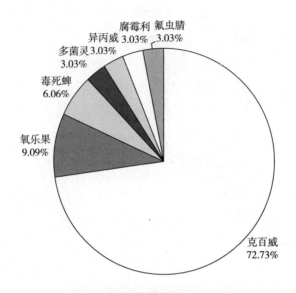

图5 超标农药品种分布

98.48%（见图6）。

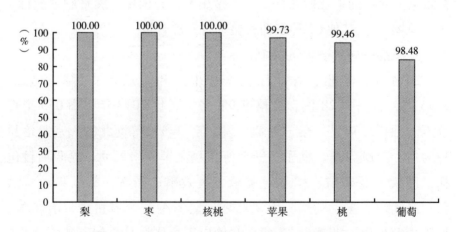

图6 2014年省产大宗果品监督抽检合格率

3. 生鲜肉及肉制品——综合合格率96.09%

2014年，食品药品监管部门在全省市场抽取生鲜肉及肉制品样品 457 例进行监督抽检和风险监测。生鲜肉检验项目包括铅、镉、总汞、总砷、铜等重金属，恩诺沙星、土霉素等兽药残留，瘦肉精、乙烯雌酚、氯丙嗪、硝基呋喃类代谢物等禁用物质。肉制品检验项目包括淀粉、蛋白质、过氧化值等品质指标，亚硝酸盐、苯甲酸、山梨酸等食品添加剂，菌落总数、大肠菌群、致病菌等微生物，铅、镉、铬重金属及苯并芘等污染物，瘦肉精。

检验结果为：监督抽检、风险监测合格率分别为 96.43%、99.77%，综合合格率为 96.09%（见图 7）。

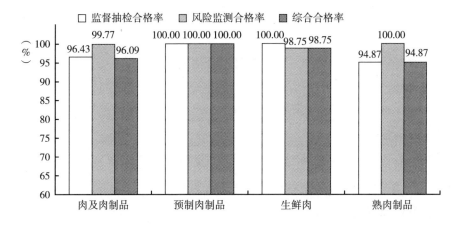

图7　2014 年生鲜肉及肉制品抽检监测情况

监督抽检不合格品种全部为熟肉制品，分别是淀粉、蛋白质等品质指标不合格，微生物（菌落总数）和食品添加剂（防腐剂苯甲酸）超标。风险监测不合格品种为生鲜猪肉，系铜含量超过风险限量参考值（见图 8）。

4. 乳制品——综合合格率99.68%

2014 年，食品药品监管部门在全省市场抽取乳制品样品 311 例进行监督抽检和风险监测。检验项目包括脂肪、蛋白质、非脂乳固体、酸度等品质指标，食品添加剂，微生物，真菌毒素，铅、砷、

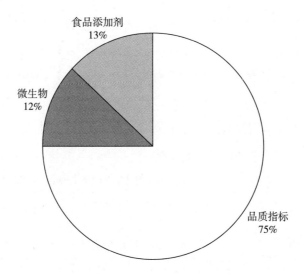

食品添加剂
13%

微生物
12%

品质指标
75%

图8 熟肉制品不合格项目分布

汞、铬等重金属，氯霉素、土霉素、氨苄青霉素等兽药残留，禁用物质三聚氰胺等。

检验结果为：监督抽检、风险监测合格率分别为99.68%、100%，综合合格率99.68%。1例监督抽检不合格样品为乳粉，系大肠菌群超标（见图9）。

5. 食用植物油——综合合格率92.79%

2014年，食品药品监管部门在全省市场抽取食用植物油样品447例进行监督抽检和风险监测。检验项目包括酸价、过氧化值、脂肪酸组成、溶剂残留、游离棉酚等品质指标，抗氧化类食品添加剂，黄曲霉毒素B1，总砷、铅等重金属，苯并芘、邻苯二甲酸酯类塑化剂等有机污染物。

检验结果为：监督抽检、风险监测合格率分别为99.53%、93.15%，综合合格率92.79%。

大豆油、玉米油、棉籽油、调和油监督抽检、风险监测均未发现问题，综合合格率100%。

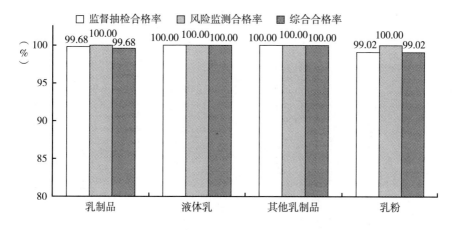

图9 2014年乳制品抽检监测情况

花生油监督抽检、风险监测合格率分别为98.96%、90.82%，综合合格率90.53%。不合格主要是因为塑化剂、脂肪酸组成等特征指标、溶剂残留不符合要求。

芝麻油监督抽检、风险监测合格率分别为100%、81%，综合合格率81%，不合格主要是因为脂肪酸组成等特征指标、塑化剂不符合要求。

亚麻籽油监督抽检、风险监测合格率分别为95.83%、92.59%，综合合格率91.67%。不合格主要是因为塑化剂、苯并芘超标（见图10）。

食用植物油监督抽检不合格项目分别是溶剂残留和苯并芘超标；风险监测不合格项目主要是塑化剂超标、脂肪酸组成等特征指标不符合要求（见图11）。

6. 小麦粉——综合合格率99.72%

2014年，食品药品监管部门在全省市场抽取小麦粉737例进行监督抽检和风险监测。检验项目包括食品添加剂，重金属（铅、镉、汞、砷），黄曲霉毒素B1，六六六、滴滴涕等农药残留，过氧化苯甲

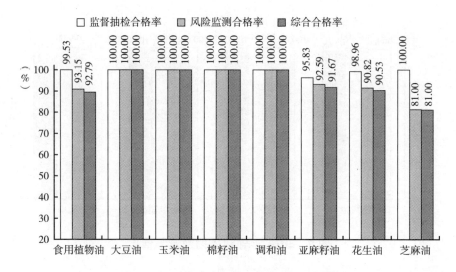

图10　2014年食用植物油抽检监测情况

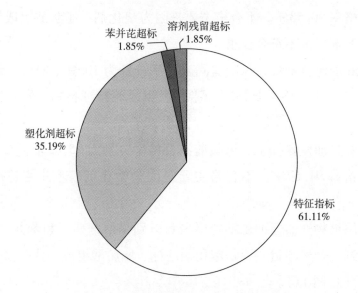

图11　食用植物油不合格项目分布

酰、溴酸盐、硼砂、甲醛次硫酸氢钠（吊白块）等禁用物质等。

　　检验结果：监督抽检、风险监测合格率分别为100%、99.72%，综合合格率99.72%。两例风险监测不合格样品均是偶氮甲酰胺超标，偶氮甲酰胺是国家允许使用的面粉处理剂，但应该符合《食品安全国家标准　食品添加剂使用标准》的要求。

7. 酒类——综合合格率92.08%

2014年，食品药品监管部门在全省市场抽取酒类样品608例进行监督抽检和风险监测。白酒检验项目主要包括酒精度、总酸、总酯、乙酸乙酯、己酸乙酯、固形物等品质指标，糖精钠、甜蜜素、安赛蜜等食品添加剂，甲醇、铅等污染物，邻苯二甲酸酯类塑化剂等。啤酒检验项目主要包括酒精度、原麦汁浓度、双乙酰、蔗糖转化酶活性等品质指标，食品添加剂二氧化硫，微生物，甲醛、铅等污染物。葡萄酒主要检验酒精度、干浸出物等品质指标，防腐剂、甜味剂、着色剂等食品添加剂，甲醇、微生物等污染物。

检验结果：酒类监督抽检、风险监测合格率分别为97.37%、94.54%，综合合格率92.08%。主要品种白酒、啤酒、葡萄酒综合合格率分别为90.21%、100%、99.21%（见图12）。

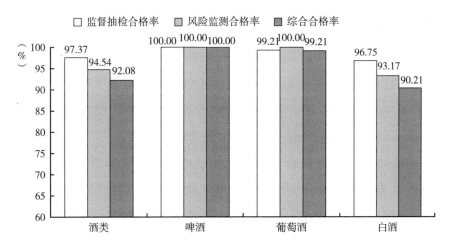

图12　2014年酒类抽检监测情况

葡萄酒不合格系食品添加剂甜蜜素超标。白酒主要不合格项目包括塑化剂，酒精度、固形物、总酯、乙酸己酯、己酸乙酯等品质指标，食品添加剂（甜蜜素）等（见图13）。

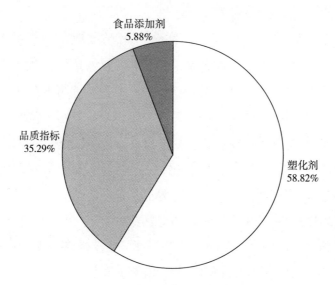

图13　白酒不合格项目分布

8. 饮料——合格率83. 40%

2014年，食品药品监管部门在全省市场抽取饮料样品711例进行监督抽检。检验项目涉及电导率、蛋白质、茶多酚等不同饮料品质指标，防腐剂、甜味剂、着色剂等食品添加剂，铅、镉、总砷等重金属，菌落总数、大肠菌群、霉菌等微生物。

检验结果：监督抽检合格率为83. 40%。分品种看，碳酸饮料、果蔬汁饮料、蛋白饮料、茶饮料、其他饮料监督抽检合格率均为100%，瓶（桶）装饮用水监督抽检合格率78. 58%。瓶（桶）装饮用水中，瓶装饮用水监督抽检合格率96. 25%，桶装饮用水监督抽检合格率64. 95%（见图14）。

监督抽检不合格样品118例，其中桶装饮用水108例、瓶装饮用

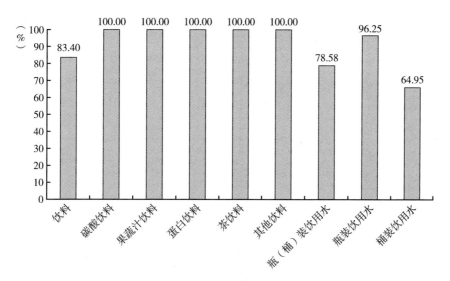

图14　2014年饮料监督抽检合格率情况

水10例。不合格项目共127项次，包括菌落总数101次，电导率14次，偏硅酸、溶解性总固体、锶等界限指标7次，亚硝酸盐4次，高锰酸钾消耗量1次（见图15）。

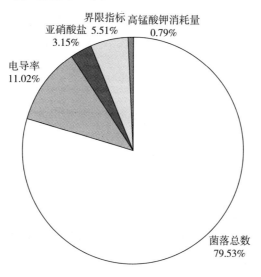

图15　瓶（桶）装饮用水不合格项目分布

9. 焙烤食品——合格率94.23%

2014年，食品药品监管部门在全省市场抽取焙烤食品样品312例进行监督抽检。检验项目包括酸价、过氧化值等品质指标，防腐剂、甜味剂、着色剂等食品添加剂，微生物，重金属铅，过氧化苯甲酰等禁用物质等。

检验结果：监督抽检合格率94.23%。分品种看，饼干、糕点、月饼监督抽检合格率分别为95%、94.12%、97.75%。不合格项目主要是微生物、食品添加剂、过氧化值和酸价（见图16）。

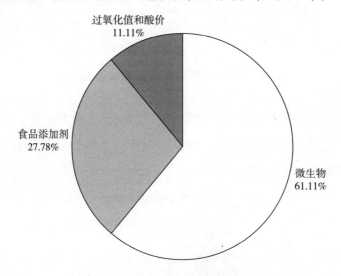

图16 焙烤食品不合格项目分布

10. 调味品——综合合格率96.04%

2014年，食品药品监管部门在全省市场抽取调味品404例进行监督抽检和风险监测。检验项目包括氨基酸态氮、总酸等品质指标，防腐剂、甜味剂等食品添加剂，微生物、铅、黄曲霉毒素B1等污染物，罗丹明B、碱性嫩黄等禁用物质等。

检验结果：监督抽检、风险监测合格率分别为96.04%、100%，综合合格率96.04%。分品种抽检监测情况见图17。

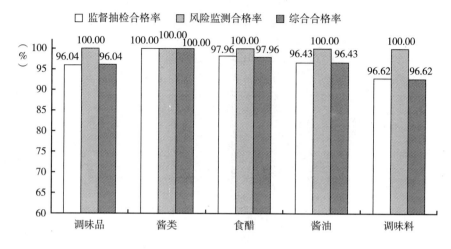

图17 2014年调味品抽检监测情况

酱油不合格项目主要是总砷、氨基酸态氮（见图18），食醋不合格项目主要是甜蜜素、总酸（见图19），调味料不合格项目主要是菌

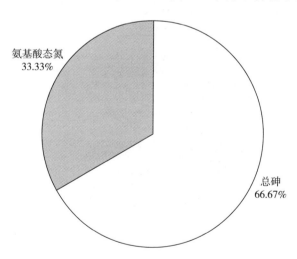

图18 酱油不合格项目分布

落总数、铅、二氧化硫、灰分以及检出禁用物质罗丹明B（见图20）。铅超标的调味料系五香粉，检出禁用物质罗丹明B的调味料系辣椒粉。

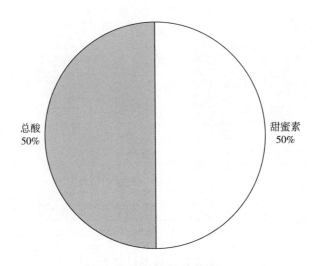

图 19 食醋不合格项目分布

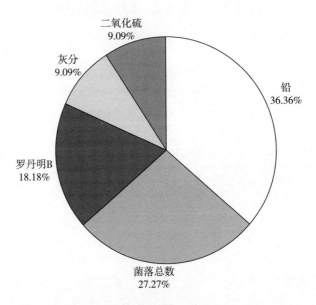

图 20 调味料不合格项目分布

11. 水果制品——综合合格率85.67%

2014 年,食品药品监管部门在全省市场抽检水果制品(果酱、蜜饯、水果干制品）373 例进行监督抽检和风险监测。检验项目包括防腐剂、漂白剂、甜味剂、着色剂等食品添加剂，微生物、铝、铅等污染物等。

检验结果：监督抽检、风险监测合格率分别为 87.94%、99.68%，综合合格率 85.67%。果酱、蜜饯、水果干制品等分品种抽检监测情况如图 21 所示。

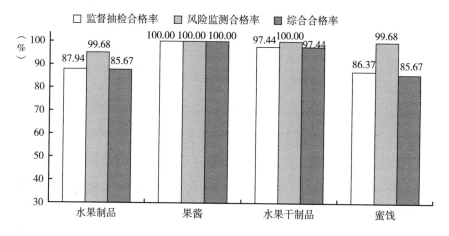

图 21　水果制品抽检监测情况

不合格样品主要为蜜饯。蜜饯不合格项目分别为防腐剂、微生物、漂白剂、铝含量（见图 22）。

12. 餐饮食品——综合合格率89.07%

2014 年，食品药品监管部门在全省餐饮环节抽取餐饮食品 553 例进行监督抽检和风险监测。检验项目包括食品添加剂、重金属、微生物、禁用物质等。

检验结果：监督抽检、风险监测合格率分别为 89.07%、91.96%，综合合格率89.07%。不合格项目包括微生物，铝含量，防腐剂（亚硝酸盐、山梨酸）。铝含量超标品种均为餐饮单位自制馒头、花卷等面制品，系违规使用含铝泡打粉所致。亚硝酸盐、山梨酸等防腐剂超标品种均为

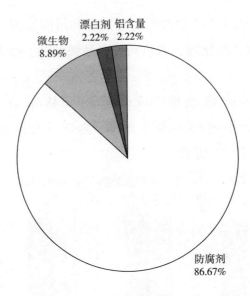

图22 蜜饯不合格项目分布

餐饮单位自制熟肉制品，系过量使用添加剂所致。微生物超标品种涉及餐饮套餐、自制熟肉制品、自制饮料、凉拌菜、食用冰等（见图23）。

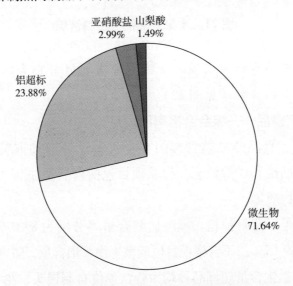

图23 餐饮食品不合格项目分布

13. 豆制品——综合合格率93.59%

2014年，食品药品监管部门在全省市场抽取豆制品100例进行监督抽检和风险监测。检验项目包括防腐剂、甜味剂、着色剂等食品添加剂，微生物、禁用物质等。

检验结果：监督抽检、风险监测合格率分别为93.59%、100%，综合合格率93.59%。不合格样品包括豆腐干、豆腐丝、奶香豆腐。不合格原因为菌落总数、大肠菌群等微生物超标，防腐剂脱氢乙酸超标（见图24）。

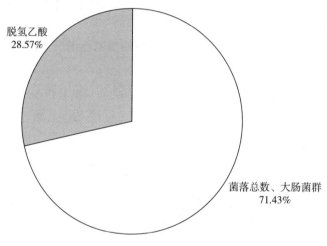

脱氢乙酸
28.57%

菌落总数、大肠菌群
71.43%

图24 豆制品不合格项目分布

14. 炒货及坚果制品——综合合格率85.42%

2014年，食品药品监管部门在全省市场抽取炒货及坚果制品79例进行监督抽检和风险监测。检验项目包括酸价、过氧化值等品质指标，甜味剂、着色剂、防腐剂、抗结剂等食品添加剂，微生物，重金属，黄曲霉毒素BI等。

检验结果：监督抽检、风险监测合格率分别为87.34%、89.58%，产品综合合格率85.42%。分品种看，瓜子类炒货、花生类炒货、杏仁类炒货、豆类炒货的抽检监测情况如图25所示。

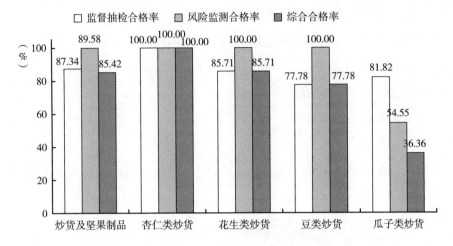

图25 炒货及坚果制品抽检监测情况

不合格原因主要是过氧化值、酸价超标，重金属总砷、铅、镉超标，食品添加剂二氧化硫、滑石粉超标（见图26）。重金属超标品种系瓜子类炒货（见图27）。

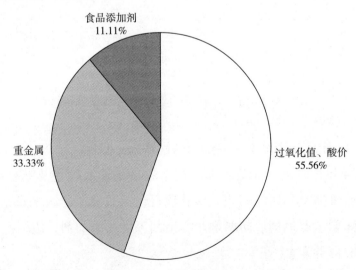

图26 炒货和坚果制品不合格项目分布

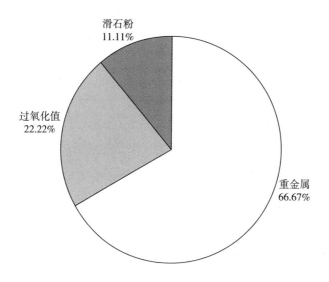

图27 瓜子类炒货不合格项目分布

15. 淀粉及淀粉制品——综合合格率90.80%

2014年，食品药品监管部门在全省市场抽取淀粉及淀粉制品（粉丝粉条）87例样品进行监督抽检和风险监测，检验项目包括二氧化硫、明矾等食品添加剂，微生物，重金属铅，禁用物质吊白块等。

检验结果：监督抽检、风险监测合格率分别为90.80%、100%，综合合格率90.80%。分品种看，淀粉、淀粉制品（粉丝粉条）抽检监测情况如图28所示。

淀粉不合格项目分别为微生物、重金属铅。淀粉制品（粉丝粉条）主要不合格项目分别为铝含量、微生物，铝含量超标系粉条生产过程中过量添加明矾所致。

16. 蔬菜制品（酱腌菜）——综合合格率94%

2014年，食品药品监管部门在全省市场抽取蔬菜制品（酱腌菜）50例进行监督抽检和风险监测。检验项目包括防腐剂、甜味剂、着色剂等食品添加剂，微生物，重金属铅，禁用物质等。

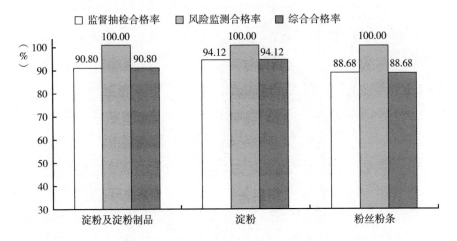

图28　淀粉及淀粉制品抽检监测情况

检验结果：监督抽检、风险监测合格率分别为94.00%、100%，综合合格率94.00%。不合格原因均系食品添加剂（防腐剂、甜味剂）超标。

17. 方便食品——综合合格率90.32%

2014年，食品药品监管部门在全省市场抽取方便食品31个样品进行监督抽检和风险监测。检验项目包括酸价、过氧化值等品质指标，抗氧化剂、防腐剂、甜味剂、着色剂等食品添加剂指标，微生物指标，铅、镉、总汞、总砷等重金属指标等。

检验结果：监督抽检、风险监测合格率分别为90.32%、100%，综合合格率90.32%。不合格样品3个，均为方便面，均系微生物超标。

18. 保健食品——综合合格率99.1%

2014年，食品药品监管部门在全省生产和流通环节抽取保健食品样品450例进行监督抽检和风险监测。共检出不合格产品4例，综合合格率99.1%。4例不合格样品中，2例检出非法添加药物，2例功效成分不合格。缓解体力疲劳类样品检出氨基他达非，改善睡眠类样品检出褪黑素（非法添加药物）。1 例未检出功效成分芦荟苷，1 例牛磺酸含量不合格（功效成分不合格）。

（三）当前食品安全主要风险与隐患

从抽检监测发现的问题以及群众举报、媒体曝光反映的一些信息看，当前河北省食品安全主要存在以下风险和隐患。

一是微生物污染问题。主要是菌落总数、大肠菌群等指示性指标不合格，个别样品致病菌指标不合格。涉及的食品种类主要有肉制品、豆制品、焙烤食品、餐饮食品等。原因主要是食品生产经营过程和环境不符合卫生规范、产品交叉污染，不按照规定条件和温度贮存、运输等。

二是滥用添加剂。主要是超范围、超剂量使用防腐剂、甜味剂和色素，涉及的食品种类主要有蜜饯、调味品。超范围、超剂量使用明矾，涉及的食品种类主要有面制品（油条、发糕、包子、馒头等品种）、粉丝粉条等。

三是掺杂使假、食品欺诈。主要是在冷冻牛、羊肉卷（块、片）中掺入鸭肉等价格低廉的肉品，以低成本的木薯淀粉、玉米淀粉代替红薯淀粉生产红薯粉条。一些花生油、芝麻油特征指标不符合要求，可能掺入其他品种油品。个别企业假冒其他企业生产红酒、饮料，存在傍名牌、仿冒驰名商标等行为。

四是食品加工用具、包装材料污染。主要是小品种食用植物油、个别白酒生产企业生产加工过程中使用塑料管道、塑料容器，其中塑化剂成分迁移，导致食品塑化剂超标。

五是违规使用农兽药。不按规定剂量使用农兽药，不遵守安全间隔期，使用添加禁用物质的假劣农兽药，个别水产品非法添加孔雀石绿、硝基呋喃类药物等。

六是个别枣酒仍有甲醇超标，一些速发豆芽中仍有检出禁用、限用的促生长物质和防腐剂，个别食品包装材料中重金属、苯类溶剂和荧光物质仍有超标等。

三　2014年食品安全工作措施

（一）食品安全管理体制改革取得进展，从农田到餐桌全程监管体系逐步建立

按照国家食品安全管理体制改革要求，河北省已逐步建立以农业、食品药品监管部门为主，以卫生计生委、林业、质量技术监督、出入境检验检疫、公安等部门为辅，覆盖从农田到餐桌全产业链的食品安全监管体系。农业部门负责食用农产品从种植养殖环节到进入批发、零售市场或生产加工企业前的质量安全监督管理，负责兽药、饲料、饲料添加剂和职责范围内的农药、肥料等其他农业投入品的质量及使用监督管理。负责畜禽屠宰环节、生鲜乳收购环节质量安全监督管理。食品药品监督管理部门负责食用农产品进入批发、零售市场或生产加工企业后的监督管理，负责食品生产、流通和消费环节安全监督管理工作。卫生和计划生育委员会负责组织开展食品安全风险监测，依法制定并公布食品安全地方标准。林业部门负责林果产品生产环节的质量安全监督管理。质监部门负责食品包装材料、容器、食品生产经营工具等食品相关产品生产加工的监督管理。出入境检验检疫部门负责进出口食品安全。公安部门负责打击危害食品安全的犯罪活动。各部门间分工更加清晰，衔接协作更加紧密，全程无缝隙的监管体系逐步建立。

河北省政府出台了《"食药安全、诚信河北"行动计划（2013—2015）》，与国家食品药品监督管理总局签署了《共建食品药品安全保障体系战略合作协议》，对全省食品安全监管体系建设做出统筹规

划，强化了顶层设计。截至 2014 年底，全省 11 个设区市全部印发了新的市级食品药品监管机构三定方案，重新组建了市级食品药品监管机构，完成了人员划转工作，并正常履职。全省 171 个县（市、区）中，142 个县（市、区）印发了新的食品药品监管机构三定方案。全省共有 7 个设区市、40% 的县（市）成立了农产品质量安全监管的专门处（科）室，加强了食用农产品监管机构建设。

（二）标准化生产稳步推进，食用农产品生产逐步向现代农业转型

以夯实农业基础、提高综合生产能力为主攻方向，河北省农业厅在全省实施农产品绿色提升计划，努力提升农业标准化生产水平和农产品质量安全保障能力。全省共制定省级农业地方标准 1206 项、市级农业地方标准 1864 项，逐步形成了以国家和行业标准为基准，以地方标准为主体的标准体系。各地积极开展蔬菜标准园创建，大力推广标准化生态防控关键技术，从源头上控制病虫害发生，减少农药使用。大力推行条形码和二维码信息技术，将质量追溯制度纳入省以上蔬菜生产扶持项目考核验收体系，建立健全蔬菜质量追溯制度。省林业厅积极推进标准化无公害生产。一是高标准建基地。加快建设苹果、梨、核桃、红枣、板栗、葡萄、观光采摘等七大优势果品基地，全年新增高标准果品生产基地 228 万亩，推进优势果品向优势产区集中。二是调结构提质量。加强了对现有树种的结构调整，全省完成果树结构调整和树体改造 220 万亩。三是实施三项关键技术。大力推广树体改造和树形改良技术，积极推广网架式、棚架式等新型栽培模式，有效减少病虫害发生；大力推广科学施肥技术，减少化肥用量；大力推广安全间隔期用药技术，引导果农科学用药、合理用药，提高果品质量安全水平。

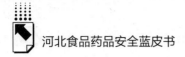

（三）行政审批制度改革逐步深入，食品产业发展环境进一步优化

河北省政府出台了《关于推进食品工业加快发展的意见》（冀政〔2014〕85号），提出实现由农业大省向食品加工大省转变的战略目标，在保障食品工业用地需求、加大财税支持、拓宽融资渠道、优化创新环境、加强品牌保护方面提出新的举措。河北省食品药品监督管理局印发了《关于促进食品医药产业发展政策措施的通知》，建立健全了首办负责、限时办结、统一受理送达等工作制度，大力推进行政审批工作提质提效；完善了政务大厅即办工作规则，将不需要现场检查、技术审评、集体讨论听证的77项行政审批事项交由政务大厅全程办理，行政审批事项办理时限平均压缩了42%。河北出入境检验检疫局实施了检验检疫"绿色通道""直通放行"制度，为企业增效减负，已有90家出口企业211批出口食品实现了出口直放，20多家进口食品加工企业近900批进口食品实现了进口直通。多次帮助口岸食品企业培训卫生知识，规范卫生管理制度，提升向国际船舶提供食品、饮用水的质量安全水平。

（四）问题导向监管理念逐步确立，食品安全风险防控治理水平不断提高

河北省政府食品安全委员会办公室、省食品药品监督管理局出台了《关于加强食品药品安全隐患排查治理工作的指导意见》、《河北省食品安全风险会商联席会议制度》，建立了隐患排查、风险会商、跟踪整改工作制度。全省定期组织食品安全隐患集中排查，省政府食品安全委员会成员单位每季度召开风险会商联席会议，分析研判全省食品安全形势，对重点食品安全风险隐患进行通报、会商，制定治理整顿措施。2014年河北省食品安全委员会成员单位风险会商联席会

议先后召开四次，梳理出全省普遍存在的食品安全行业性问题以及需重点防控的食品安全风险隐患 21 项，按季度进行整改验收，有效防范了区域性、系统性风险，食品安全隐患排查治理逐步走向常态化、制度化、规范化。

食品安全工作考核评价体系进一步改进，在对各地食品安全工作考核中，取消了监督抽检合格率指标，不再以监督抽检合格率高低判定食品安全工作水平高低；增加对不合格产品发现率、处置率的考核。

河北省卫生计生委充分发挥风险监测侦察兵作用，在广泛深入开展食品安全风险监测工作的同时，加强了监测结果通报，风险监测实效性更强，服务监管的作用更加突出。河北出入境检验检疫局将风险管理引入进出口食品监管工作，出台了《河北检验检疫局出口食品风险评估规范》及《河北检验检疫局出口食品合格评定工作规范》等一系列规范性文件，构建了以风险管理为基础的进出口食品检验检疫管理工作新模式，实现了由注重产品监管向注重企业监管、由注重出口食品向进出口并重的转变。

（五）深入持久地开展治理整顿，食品生产经营秩序进一步好转

河北省农业厅以打击非法生产、销售，使用禁用农业投入品和非法添加有毒有害物质为重点，开展了农药及农药残留、瘦肉精、生鲜乳、兽用抗菌药、私屠滥宰、水产品违法添加禁用物质、农资打假等七个方面专项整治。

河北省食品药品监督管理局组织开展了食品集中生产区整治提升、餐饮消费食品安全"百日攻坚"、农村食品市场整治"四打击四规范"、暑期食品安全保障等一系列专项行动，开展了肉及肉制品、清真食品、白酒、腐竹、蜂蜜、桶装水、方便面、植物油、婴幼儿配

方粉、食品添加剂等产品的专项监督检查，对行唐县枣酒行业实施了专项整治。

河北省林业厅加强了果园用药日常巡查。全省林业系统以县（市、区）为单位，组织专门队伍对果园用药情况开展经常性的监督检查。加强无公害果品产地监管，通过无公害产地认定的果品基地违法违规使用禁限用农药，一经发现立即吊销无公害产地认定证书，列入黑名单并在社会上进行通报，两年内不得重新申请认定；对于没有进行无公害产地认定的果品基地违法违规使用禁限用农药，一经发现即列入黑名单并在社会上进行通报，三年内不得申请认定。

河北省质监局严格食品相关产品生产许可程序，细化国家审查通则、细则，统一审查标准和尺度，确保现场审查工作标准统一、公平公正；实行现场审查终身负责制，严防现场审查不正之风；坚持明察暗访，每半年集中进行督导检查，及时通报对各市县和企业检查结果。对监督抽查和风险监测中发现的问题，及时组织专家研究论证，提出解决办法。对相关违规企业，依法责令其停止生产销售问题产品，查明原因，限期改正，主动召回已售出的不合格产品，并监督其连同库存的问题产品采取补救、无害化处理或销毁等措施，不合格产品和问题企业处理率达到100%。

河北出入境检验检疫局在全省范围内开展了进口肉类、肠衣、预包装食品备案标签的专项督查，对辖区18家进口肉类备案收货人进行了审核；批准46份进口动物源食品进境动植物检疫许可证，否决3份。对进口食用植物油检验监管工作进行自查，完善了调运至河北辖区存储、精炼加工的进口食用植物油的后续监管。加强了出口植物源性食品安全风险监控和动物源性食品残留物质监控，采取普查与抽查相结合的形式，对口岸食品生产经营单位进行了实地监督检查，提升了口岸食品卫生监督和量化分级管理水平。

（六）加大刑事司法打击力度，严惩危害食品安全犯罪行为

河北省公安厅成立了食品药品安全保卫总队，全省 11 个设区市和 162 个县（市、区）均成立了食药安保专职队伍，配备民警 800 余人。省公安厅与省法院、省检察院、省食品药品监督管理局等部门联合下发了《河北省食品安全行政执法与刑事司法衔接工作机制》《河北省打击食品药品违法犯罪情报信息联席会商机制》，密切了行政执法与刑事司法的衔接。在全省范围内部署开展了"亮剑""飓风""燕赵利剑""打四黑除四害""餐桌保卫战""打击地沟油、瘦肉精犯罪破案会战""打击伪劣肉制品犯罪破案会战"等一系列专项打击行动，以保卫群众餐桌安全为目标，追源头、捣网络、端窝点、打团伙。2014 年，全省公安机关立案侦办食品犯罪案件 1244 起，其中破案 1058 起，抓获嫌疑人 1209 人，刑事拘留 809 人，捣毁窝点 496 个，打掉团伙 422 个，涉案价值近 2.3 亿元。

全省各级检察机关、人民法院把严惩危害食品安全犯罪作为保护和改善民生的一项重要工作，积极参与打击食品安全犯罪专项行动，依法严惩了一批危害食品安全的犯罪分子。据统计，2010 ~ 2014 年，全省检察机关共批捕生产销售不符合安全标准的食品罪、生产销售有毒有害食品罪 320 件 423 人。其中，批捕生产、销售不符合安全标准的食品罪 65 件 119 人（见图 29）；批捕生产、销售有毒有害食品罪 255 件 304 人（见图 30）。此外，还对一些危害食品安全刑事犯罪行为分别以生产、销售伪劣产品罪，非法经营罪等其他罪名提起公诉。

（七）加强监管能力建设，强化技术支撑

截至目前，河北省共建设省级农产品质量安全监督检验中心 1 个、市级农产品综合质检中心 10 个、县级农产品综合质检站 135 个，

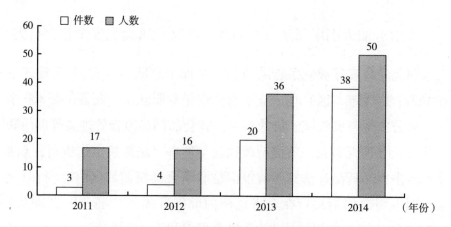

图29　2011～2014年河北检察机关批捕生产、
销售不符合安全标准罪情况

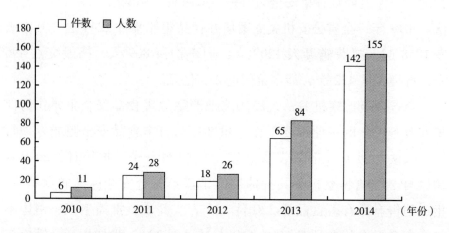

图30　2011～2014年河北检察机关批捕生产销售有毒有害食品罪情况

总投资5.41亿元。其中，省级农产品质量安全监督检验中心已竣工验收，投入使用，年检各类农产品、投入品样品3万多个；4个市级农产品综合质检中心建设项目已基本完成，年检各类农产品样品10万多个；县级农产品综合质检站建设全面加快，通过竣工验收的有27个。全省农产品质量安全检验检测体系逐步健全完善。河北省卫生计生系统建立了省、市、县三级食品安全风险监测网络，覆盖11

个设区市和 172 个县（市、区）。河北出入境检验检疫系统实验室专业技术人员达到 730 余人，仪器 3800 多台套，检测能力覆盖食品等十大专业，全部检测项目超过 6000 项。食品药品监督管理系统拥有省级食品检验监测中心 1 家、市级 11 家，其中省食品质量监督检验研究院通过资质认定和实验室认可评审的授权检验项目达到 1586 项参数、1365 项产品，具有"从农田到餐桌"食品链全过程的检验能力，同时总面积 6.5 万平方米的河北省食品药品检验检测中心建设项目已经启动，"智能食药安全"信息化系统平台以及食品药品电子监管追溯体系逐步完善。

（八）发挥典型作用，开展示范创建活动

一是组织开展食品药品安全示范县创建和食品安全城市创建试点工作。2014 年，首批选取 63 个县（市、区）开展创建活动，计划利用三年时间，全省所有县（市、区）完成食品药品安全县创建任务，着力夯实基层食品安全工作基础，提升全省食品安全总体水平。同时，作为国家创建食品安全城市四个试点省份之一，河北组织石家庄、唐山、张家口三市开展了国家食品安全城市创建试点工作。二是全力推进餐饮服务单位"明厨亮灶"工作。"打开一堵墙，后厨见阳光"，通过透明玻璃或视频监控设备将饭店、食堂食品加工制作过程直接展示给消费者，让百姓看得明白，吃得放心。截至 2014 年底，全省已有 8000 多家餐饮服务单位实现了"明厨亮灶"。三是加强出口质量安全示范区建设。将出口质量安全示范区建设列入进出口食品安全工作重点，认真落实国家扶持政策，在日常检验监管工作中对示范区进行倾斜。积极推行出口食品标准示范园建设，制定出口食品标准示范园建设标准，以标准示范园提升示范区建设工作水平。进一步加强示范区管理，停建了 5 家进展缓慢的在建示范区，确保示范区质量。

（九）推动社会共治，着力凝聚监管合力

一是河北省政府食品安全委员会办公室会同有关部门印发了《关于发动群众广泛参与食品药品安全社会共治的指导意见》，明确了社会共治的重要作用，提出了加强社会共治的思路、措施和工作目标。在秦皇岛市海港区、衡水市饶阳县和承德市营子区探索建立网格化监管制度；在行政村和社区探索建立"六员联防"制度；成立了河北省食品安全专家委员会，建立了专家参与制度，重大决策、形势研判、应急处置吸收专家参与，提高工作科学性和专业化水平。

二是加大有奖举报力度，提高群众参与积极性。全省食品药品监管部门统一建立 12331 有奖举报电话和省市县一体化受理平台，提高了受理处置效率；在河北省食品药品监督管理局网站设立"我要点评、投诉举报"等八大板块，开通"药安食美"手机举报投诉平台，拓宽了群众参与渠道；对有奖举报办法进行修订，单项最高奖励由 10 万元提高到 30 万元。2014 年，群众参与积极性提高，投诉举报数量同比大幅增长。

三是坚定不移地推动食品安全信息公开，正确引导社会舆论和公众消费，倒逼企业自律。河北省政府食品安全办公室、河北省食品药品监督管理局坚持每季度召开新闻发布会，通报全省食品安全形势，发布食品安全质量公告，曝光监督抽检不合格企业和食品安全违法案件，对食品安全风险隐患进行预警提醒，向社会传递权威声音，把握引导舆论主动权。2014 年，河北省食品药品监督管理局共组织曝光食品安全监督抽检不合格产品、企业 200 余例。

四是加强诚信制度建设，构建社会共治长效机制。河北省食品药品监督管理局制定了《河北省食品药品安全诚信信息管理办法》等制度规范，建立了食品药品诚信数据库，将食品安全征信信息纳入了

中国人民银行诚信管理系统。河北省政府食品安全委员会办公室、河北省金融工作办公室、中国保险监督管理委员会河北监管局联合印发了《河北省食品安全责任保险试点工作指导意见》，在5个设区市组织开展了试点工作。

五是广泛开展食品安全宣传教育。以"放心农资下乡，保障农产品质量安全"为主题，河北省农业厅积极组织执法人员、专家和农技人员深入农村田间地头、农资市场、蔬菜园区、种植大户、规模养殖场等场所，宣传法律法规，指导农民识假辨假和科学规范使用各类农业投入品及遵守休药期等有关规定。河北省政府食品安全委员会办公室、河北省食品药品监督管理局等相关部门在《河北日报》、河北电台、河北电视台开设专栏，与河北移动、联通、电信三大通信运营商合作开展食品安全宣传；精心组织"全国食品安全宣传周"活动，召开全省食品行业道德讲堂现场推进会；组织开展"药安食美　诚信守望"——河北省食品药品安全道德诚信文艺作品创作大赛，"老故事、老味道、老品牌——坚守诚信的力量"河北省优秀食品药品企业展览、采风、巡礼活动等，努力营造全社会关注食品安全的良好氛围。

四　存在的主要问题

2014年，全省食品安全形势总体保持平稳，但工业化中期特点决定了当前食品安全仍然处于风险高发和矛盾凸显的阶段，新旧问题相互交织，主客观因素相互制约，保障食品安全的任务依然艰巨。

一是食品产业发展不平衡，个别领域食品安全基础薄弱。食用农产品生产多数以家庭为单位，大型现代化生产基地和养殖场数量偏少，规模化、标准化、集约化程度不高。食品加工以中小企业为主，还存在数量众多的手工作坊，生产设备简陋，自身缺乏产品检验能力。食品流通、餐饮服务单位数量多，规模小，分布广，监管难度较大。食品从业人员总体素质不高，食品安全知识缺乏，自身保障食品安全的能力不足。

二是个别地方仍有保护主义现象，对违法行为监管不到位。部分地方政府和监管部门重发展、轻安全，重视保护当地企业发展、忽视消费者健康权益，对当地食品产业保护多、监管少，扶持多、规范少，害怕暴露问题，报喜不报忧；对一些质量安全隐患熟视无睹，对一些掺杂使假行为查处不力。

三是基层监管力量不足，能力建设需加快步伐。现有食品安全监管经费有限，技术手段和装备条件与监管需要存在差距。基层食品安全机构改革进展较慢，上下不对口、工作不能顺利对接；已完成改革的地方划转到食品监管部门的人员数量少，尚未形成一支稳定、高效的监管队伍；基层缺乏必要的检验检测设备，难以有效开展工作。

四是企业主体责任落实不到位，行业诚信环境有待改善。食品类行业协会发展缓慢，市场约束机制、行业自律机制尚不健全。一些企业食品安全制度不健全，生产经营不规范，保证食品安全的主体责任难以落到实处。个别食品生产经营者不讲诚信，缺乏职业道德，采取各种措施对抗监管，食品违法犯罪手段高技术化、隐蔽化，监管难度增大。

五是监管部门与社会公众信息交流偏少，宣传引导工作需要加强。监管部门与社会公众对食品质量安全状况的相关信息掌握不对称，相互交流偏少。个别信息被媒体过分解读导致社会公众不能客观、准确地了解食品安全风险隐患实际情况，从而产生社会恐慌，影响社会稳定和消费者信心。

五 2015年工作思路

2015年，全省食品安全工作将深入贯彻落实党中央、国务院、省委省政府关于食品安全的一系列重大部署和指示精神，确保全省人民饮食安全。重点抓好以下工作。

一是全面深化改革，健全监管体系。加快推进市、县监管体制改革，充实基层监管力量，提升队伍整体素质。做好2015年取消、下放行政许可项目衔接落实工作，防止监管缺位。

二是实施最严格监管，着力防控风险。加强隐患排查治理；重典治乱，严惩重处违法犯罪；组织开展好农产品质量安全县、食品安全城市创建试点工作和食品药品安全县创建活动。

三是加强法治建设，推进依法行政。加快推进现有法规、规章的立、改、废、释工作，完善覆盖从生产、加工、流通、消费、使用全环节的监管制度体系。

四是推动科技支撑，提升应急能力。加快推进"智能食药监"、农产品质量安全监测预警和质量追溯平台建设，提高监管工作科技化、信息化水平。

五是推动社会共治，凝聚监管合力。完善地方政府食品安全考核评价制度，落实政府属地管理责任；加强部门联动，提高监管效能；推进全省统一的食品药品诚信信息管理系统建设，加大对违法违规行为、不合格产品曝光力度；发挥各类媒体作用，广泛开展宣传教育活动。

B.2

2014年河北省药品质量安全报告

河北食品药品安全研究报告课题组

摘　要：　本文在分析概括河北省医药工业发展形势和药品监管措施的基础上，从药品监督抽验和药品不良反应监测两个层面深入分析河北药品质量安全状况及存在的主要问题。全省药品质量安全监管体系不断完善，药品不良反应监测能力稳步提升，药品质量安全状况总体稳定。

关键词：　药品　质量安全　不良反应监测

药品是人类用于预防、治疗、诊断疾病的特殊商品，药品质量安全是重大的民生和公共安全问题，事关公众生命安全、身体健康和社会和谐稳定。医药工业是河北省具有传统优势的战略性支柱产业，具有良好的基础和广阔的发展空间，在河北省经济和社会发展中占有重要地位。河北省委、省政府及各级药品监管部门始终高度重视医药产业发展和药品质量安全，近年来不断加大监管力度，创新监管手段，全省药品质量安全监管体系不断完善，药品质量安全保障能力不断提升，产品、产业结构调整升级，医药产业持续平稳发展，药品质量安全状况不断改善。

一　医药工业发展概况

（一）生产平稳增长

2014年，全省规模以上医药工业企业共计238家，比上年增加

17家。规模以上医药工业企业完成工业增加值189.3亿元，工业总产值807.98亿元，销售产值753.51亿元，比上年分别增长4.40%、7.87%、6.25%。实现主营业务收入911.85亿元，同比增长5.49%（见表1）。2014年，河北省规模以上医药工业企业主营业务收入居全国第11位。

从主要产品产量看，2014年，全省规模以上医药工业企业化学原料药总产量49.3176万吨，同比增长5.22%。中成药总产量6.2355万吨，同比增长20.01%。

2014年，河北省医药工业在主导产品维生素C、青霉素工业盐、7-ACA等大宗原料药价格持续4年低位徘徊的情况下，保持了平稳增长，医药工业发展正逐步摆脱对大宗原料药的价格波动依赖。

表1 2014年全省医药行业主要指标完成情况

单位：亿元，%

指标名称	2014年	2013年	同比增长
工业增加值	189.3	181.32	4.40
工业总产值	807.98	749.05	7.87
销售产值	753.51	709.2	6.25
主营业务收入	911.85	864.41	5.49

（二）经济效益增速较快

2014年，全省规模以上医药工业企业实现利税100.52亿元，同比增长12.88%，增速高于全国医药工业0.92个百分点，高出主营业务收入增速7.39个百分点。实现利润69.16亿元，同比增长12.54%，增速高于全国医药工业0.28个百分点，高出主营业务收入增速7.05个百分点。2014年，河北省医药工业实现利税、利润均居全国同行业第13位，排名均比2013年上升1位。在医药工业9个子行业中，规模排名前 2 位的化学药品原料药制造、化学药品制剂制造两个行业利润均实现 28% 以上的增长（见表 2）。

表 2　河北省医药工业分行业经济效益指标

单位：亿元，%

指标名称	主营业务收入		利润		利税	
	2014 年	同比增长	2014 年	同比增长	2014 年	同比增长
医药行业合计	911.85	5.49	69.16	12.54	100.52	12.88
化学药品原料药制造	298.13	10.63	20.32	36.19	29.10	33.46
化学药品制剂制造	260.06	−6.26	8.28	28.06	13.39	17.75
中药饮片加工	41.00	16.80	3.64	7.18	4.80	4.54
中成药生产	162.51	6.68	21.73	2.62	34.02	6.36
生物药品制造	42.36	37.05	4.49	13.42	5.46	10.95
卫生材料及医药用品制造	3.26	22.28	0.29	12.99	0.40	14.94
制药专用设备制造	10.81	10.71	1.70	7.64	2.25	12.27
医疗仪器设备及器械制造	27.26	9.33	2.52	−33.07	2.98	−29.19
其他	66.46	7.57	6.19	4.28	8.12	3.92

（三）投资保持快速增长

随着新版 GMP 认证实施，河北省医药企业调结构、转方式力度进一步加大，一批搬迁改造项目、扩产升级项目和创新药物产业化项目陆续实施，固定资产和技改投资在 2013 年高速增长基础上继续保持快速增长。2014 年，全省医药工业完成固定资产投资 313.49 亿元，同比增长 24.1%，高于全省工业平均水平 8.6 个百分点；完成技改投资 197.75 亿元，同比增长 28.5%，高出全省工业平均水平 13.8 个百分点。

（四）技术改造和科技创新成为产业发展重要启动力

一是技改项目相继投产带动产业可持续发展。石家庄四药搬迁改造项目、石药集团非青非头粉针项目和半合抗生产车间 GMP 改造项目、以岭药业年产8亿粒专利新药夏荔芪胶囊产业化项目和研发平台及院士工作站项目、神威药业的新中药提取车间项目和注射剂技改项目等相继开工建成。二是创新药物研发及产业化为产业发展增添了后劲。已上市创新药物市场份额不断扩大，如石药集团玄宁系列产品、欧来宁粉针、恩必普注射液销量比上年同期增长50%～70%。中药主导产品通过二次开发实现了产品工艺技术和质量标准升级，拓展了国际市场，如神威药业开展的清开灵化学物质组学研究、以岭药业开展的芪苈强心胶囊、养正消积胶囊的询证医学研究等。一批新上市创新药崭露头角，在研新药取得可喜进展，如常山药业的达肝素钠、石药集团的皮诺赛琳、华药集团的达托霉素、爱尔海泰的盐酸奥普力农等。

二　药品质量安全状况

2014年，全省监管系统共抽验各类药品、中药材中药饮片11939批次（含中药饮片评价抽验1985批次），不合格1024批次（含中药饮片评价抽验不合格673批次），总体合格率为91.44%。全年未发生药品质量安全事故（件），整体质量安全状况稳定（见图1）。

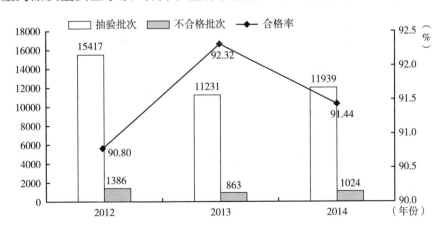

图1　2012～2014年药品总体合格率比较

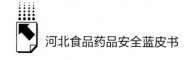
（一）药品监督抽验情况

2014 年，全省监管系统围绕风险防控，以问题为导向，从监管实际出发，监、检相结合，主动查找风险隐患。自 2013 年 12 月 16 日至 2014 年 12 月 15 日，全省监督抽验了 3670 个单位的 1951 个药品 8540 批次，合格 8191 批次，不合格 349 批次，合格率为 95.91%。

1. 药品制剂监督抽验情况

2014 年，共监督抽验药品制剂 7569 批次，不合格 97 批次，合格率为 98.72%，合格率比 2013 年上升 0.76 个百分点。

2012～2014 年，共监督抽验药品制剂 21010 批次，年度抽验合格率分别为 94.48%、97.96%、98.72%，逐年增高，说明河北省药品制剂总体质量水平稳中向好（见图 2）。

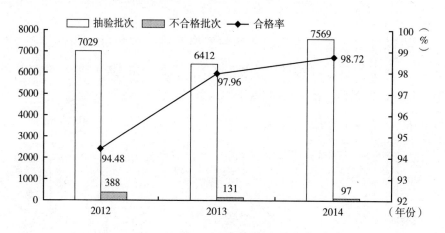

图 2　2012～2014 年药品制剂合格率比较

2. 中药材和中药饮片监督抽验情况

2014 年，共监督抽验中药材和中药饮片 971 批次，不合格 252 批次，合格率为 74.05%。不合格中药材和中药饮片中，产自安国的 65 批次，占全部不合格中药材及饮片的 25.79%。

2012～2014年，共抽验中药材中药饮片7085批次，年度抽验合格率分别为72.20%、73.56%、74.05%，呈缓慢提升趋势（见图3）。

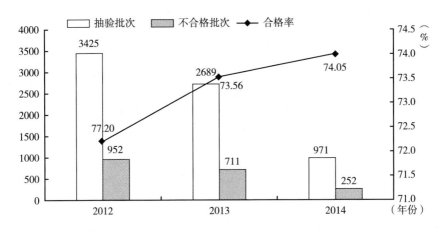

图3　2012～2014年中药材中药饮片合格率比较

3. 按环节分析

2014年，药品生产企业抽验646批次，不合格13批次，合格率97.99%；医院制剂抽验177批次，不合格3批次，合格率98.31%；批发企业抽验1470批次，不合格93批次，合格率为93.67%；零售企业抽验3245批次，不合格114批次，合格率96.49%，医疗机构抽验3002批次，不合格126批次，合格率95.80%（见图4）。

4. 按品种分析

从抽样品种看，2014年中药材及饮片的不合格率最高，为25.95%；其次为中成药、生化药、抗生素和化学药品，不合格率分别为2.39%、1.29%、0.79%、0.46%（见图5）。中药材、中药饮片不合格率占全部不合格药品的72%，主要是专业人员以问题为导向，根据经验和外观性状靶向抽样，命中率较高。2012～2014年，化学药品、中成药、抗生素、生化药抽验合格率逐年增高，稳中有升。

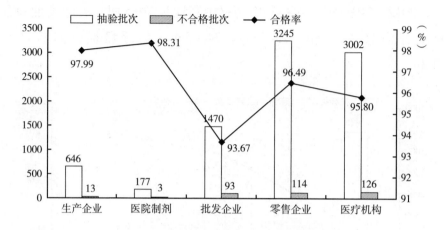

图4　2014年各环节药品监督抽验情况

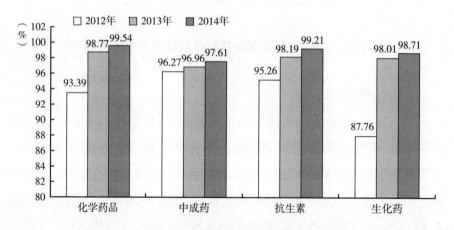

图5　2012～2014年化学药品、中成药、抗生素、
生化药合格率比较

5. 按产地分析

2014年，349批次不合格药品中，本省企业生产的95批次，占不合格总批次的27.22%；外省企业生产的126批次，占不合格总批次的36.10%；未注明产地的中药材及饮片128批次，占不合格总批次的36.68%（见图6）。

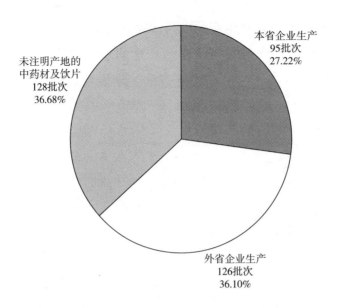

图6 省内外企业监督抽验不合格产品情况比较

2014年，本省企业生产的药品制剂合格率98.70%，外省企业生产的药品制剂抽验合格率98.72%，本省与外省企业生产的药品制剂合格率基本相当（见图7）。

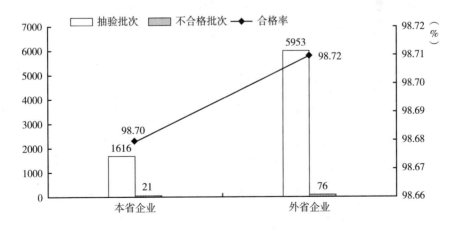

图7 省内外企业药品制剂抽验合格率比较

2014年，本省企业生产的中药饮片合格率85.12%，外省企业生产的中药饮片合格率72%，未注明产地的中药饮片合格率56.16%，本省生产的中药饮片合格率比外省的、未注明产地的分别高13.12个、28.96个百分点（见图8）。

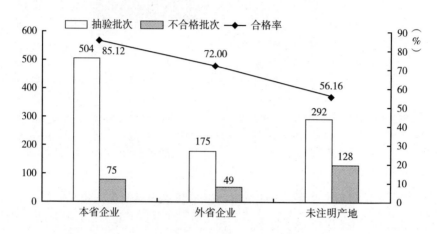

图8　2014年省内外饮片生产企业抽验合格率比较

6. 按被抽样单位规模分析

在97批不合格药品制剂中，抽自市区单位的不合格药品制剂17批次，占不合格总批次的17.5%；抽自县及县以下单位与个人的不合格药品制剂80批次，占不合格总批次的82.5%（见图9）。

7. 抽验发现的主要质量问题

药品制剂存在的主要问题：化学药片剂性状不合格，注射剂可见异物、溶液颜色不合格；抗生素注射剂性状、颜色不合格；生化药装量、可见异物不合格；中成药性状、重量差异不合格。在监督抽验发现的假药中，部分中成药存在非法添加化学药物现象。

中药材存在的主要问题：增重、染色、品种混乱、杂质超标、以劣充好、以伪充真。

中药饮片存在的主要问题：同批样品内在质量不均匀、外观性状

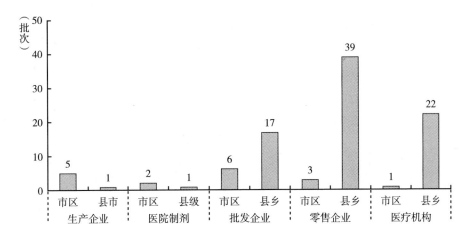

图9　各环节不合格药品制剂的分布

差异大；掺伪增重、非法染色；伪品、混淆品冒充正品；未严格按药典规定进行炮制，致含量下降。

8. 检出的假药

2014 年，共检出假药 33 批次。其中，4 批次为非法添加化学药物、15 批次没有有效成分、14 批次使用非法染色中药材或饮片。抽到的假药中，4 批次来自公安、药监暂扣地，4 批次抽自县级批发企业，12 批次抽自乡镇卫生院，7 批次抽自乡镇药店，5 批次抽自个人，1 批次抽自诊所。假药标示生产地均为外省生产企业。

（二）基本药物抽验情况

2014 年，在全省 703 个单位共抽到基本药物 293 个品种 1414 批次，经全项检验合格 1412 批次，合格率为 99.86%。不合格基本药物抽自批发企业 1 批次、医疗机构 1 批次；1 批次为化学药、1 批次为中成药；2 批次不合格药品均为外省企业生产。不合格项目是溶出度不合格、溶化性不合格（见图10）。

2011～2014年，全省共抽验基本药物和纳入基药管理的非基本药物9016批次，合格8960批次，总体合格率99.38%，年均合格率保持在99%以上。

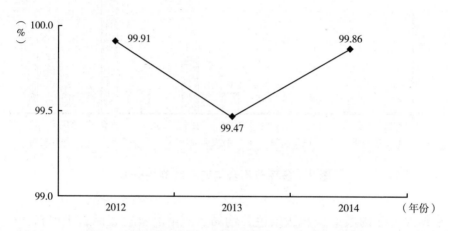

图10　2012～2014年基本药物抽验合格率比较

（三）药品包装材料抽验情况

2014年，抽验各类药品包装材料样品199批，合格191批，总体合格率96.0%，同比增长7.5个百分点。其中塑料瓶类合格率96.5%、玻璃瓶类合格率85.7%、铝箔合格率94.3%、复合膜合格率95.3%，药用丁基橡胶塞、硬片、共挤输液袋、铝盖、软膏管、聚丙烯输液瓶、聚乙烯膜合格率均为100%。

2011～2014年，药品包装材料抽验合格率分别为88.2%、92.5%、88.5%、96.0%，2014年质量状况明显改善（见图11）。

药品包装材料抽验发现的主要质量安全问题：玻璃瓶类中安瓿的折断力项目不合格；塑料瓶密度、红外光谱、炽灼残渣项目不合格；铝箔热合强度、易氧化物项目不合格；复合膜红外光谱、热合强度项目不合格。

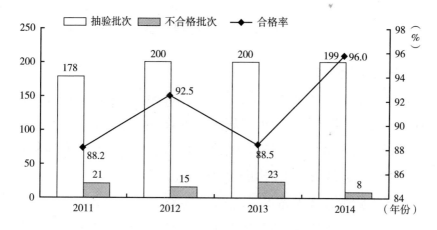

图11　2011～2014年药品包装材料抽验情况

三　药品不良反应/事件监测水平稳步提升

药品不良反应报告和监测是依法对已批准生产销售的药品进行安全性监督的一种重要手段。2014年，全省药品不良反应监测工作取得新进展，监测机构日益完善，监测网点全面铺开，报告数量逐年增加，报告质量不断提高，分析评价和风险研判能力逐渐增强，药品风险监测和预警机制正逐步形成，整体监测水平逐年向好。

（一）全省药品不良反应监测体系日趋完善

2014年，省、市、县三级药品不良反应监测机构建设取得新突破，11个设区市及定州、辛集2个省直管县都成立了药品不良反应监测中心，171个县（区）中，已有129个县（区）成立了药品不良反应监测中心，省、市、县三级监测机构的编制总数达到680多人。全省药品不良反应监测网络覆盖面进一步扩大。截至2014年底，河北省基层网络机构数量达到12106家，其中药品生产企业239家，药品经营企业6281家，医疗机构5567家，计生机构19家。

（二）河北省药品不良反应监测整体水平不断提高

1. 报告数量稳步增长

2014 年，河北省各级监测网点共上报药品不良反应病例报告 55041 份，达到平均每百万人口病例报告数 766 份，超出国家"十二五"规划目标（每百万人口 400 份），药品不良反应报告和监测市县级覆盖率以及县区报告比例均达到 100%。

2. 报告质量逐步提高

新的和严重药品不良反应/事件报告比例是衡量总体报告质量和安全性风险发现能力的重要指标。2011 ~ 2014 年，河北省收到新的和严重药品不良反应/事件报告数量分别为 2283 份、5679 份、8065 份、13954 份，占同期报告总数的比例分别为 8.97%、13.34%、16.83%、25.35%，报告质量逐年提升，报告结构逐渐优化，发现安全性风险的能力明显提高（见图 12）。

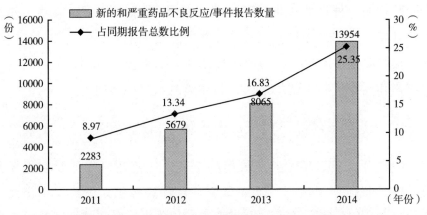

图 12 2011 ~ 2014 年新的和严重药品不良反应/事件报告数量

3. 报告时间分布趋于均衡，医疗机构报告呈现稳中有升的良好态势

2012 ~ 2014 年，河北省报告数量月均衡度逐年向好，报告及时性逐步提高。2012 ~ 2014 年，来自医疗机构的报告占比分别为

75. 41%、76. 31%和83. 51%，呈现稳中有升的良好态势。

4. 分析评价和风险研判能力逐渐增强

2014年，河北省重点加强了对抗感染药、中药注射剂等品种的不良反应监测。抗感染药报告数量在化学药品不良反应报告中仍居首位，占化学药品不良反应报告总例次的42.06%；其中，左氧氟沙星、阿奇霉素、头孢曲松制剂不良反应报告数量排名靠前。收到中药不良反应报告9996例次，占同期整体报告的17.73%；其中，中药注射剂报告5805例，占58.07%。报告数量排名前5位的品种均为中药注射剂，分别是清开灵注射液、注射用三七总皂苷、双黄连注射液、银杏叶提取物注射液、脉络宁注射液。

四 2014年主要工作措施

按照党中央、国务院、国家食品药品监管总局的决策部署，近年来，河北省以促进药品行业转型升级、提高药品监管能力、构建社会共治格局等工作为重心，出台了一系列重要文件，采取了有力措施，建立了涵盖药品各环节的有效监管制度。

（一）加强顶层设计，完善药品质量安全监管体系

河北省政府出台了《"食药安全、诚信河北"行动计划（2013～2015）》，与国家食品药品监管总局签署了《共建食品药品安全保障体系战略合作协议》；省食品药品监管局印发了《关于促进食品医药产业发展政策措施的通知》，通过制定出台一系列纲领性文件，加强了全省药品质量安全体系建设的顶层设计，进一步明确了当前和今后一段时间医药产业转型升级、落实药品生产经营者质量安全主体责任、严格药品安全监管、加强道德诚信建设、构建社会共治格局等各项重点工作目标和保障措施，提出了医药产业园区提升、药品综合信

息化平台、药品监管执法装备标准化、社会共治体系、河北食品药品安全举报受理平台等一批重点建设项目。各级地方政府、监管部门、生产经营企业的责任更加明确，药品质量安全工作目标和保障措施更加具体，全省药品质量安全保障体系建设步伐不断加快，药品质量安全保障能力进一步提高。

（二）以问题为导向，建立药品质量安全风险防控机制

2014 年，河北省食品药品监管局印发实施了《食品药品风险隐患防控会商制度》《关于加强食品药品安全隐患排查治理工作指导意见》，建立了药品质量安全定期排查、登记台账、风险会商、跟踪整改、重大隐患报告等 5 项制度。组织成立了河北省药品生产安全隐患风险评估专家委员会，组建了包含 75 名专家委员的专家库，每季度召开药品风险会商会议，监管部门和相关专家共同参与，对全省药品质量安全形势、主要安全隐患进行分析评估，改变过去的事后查处为事前预防，实现了监管的前移。2014 年，重点对中药制剂、无菌药品生产过程中的风险隐患、针剂用活性炭存在的风险隐患、抽验不合格药品的风险隐患进行了分析，提出了处置和预防措施。

为落实隐患排查和风险防控的企业主体责任，河北省食品药品监管局召开 300 多家药品生产企业参加的警示教育电视电话会议，通报全省药品安全隐患排查整治情况和典型案例，全省药品生产企业对照自查，对存在的问题和隐患及时整改，切实把好原料关，加强生产过程控制，严格出厂检验，落实药品上市后的跟踪与管理，全链条掌控药品生产、流通、使用过程中的质量安全风险，严防质量安全事故发生。会议对全省企业起到了很好的警示、教育和震慑作用。

（三）深入开展专项整治，规范药品生产经营秩序

2014 年，河北省食品药品监管局先后组织开展了一系列专项整

治，强力规范药品生产经营秩序。一是开展中药饮片专项整治。重点整治不按 GMP 要求生产、对中药材供应商审查不严、产品未全检出厂等问题，暂扣 3 家企业药品 GMP 证书，约谈 17 家中药饮片生产企业。二是开展中药提取物专项检查。重点检查中成药生产企业提取能力以及是否按照批准工艺和处方生产，对存在的不规范行为进行了治理。三是开展针剂用活性炭专项整治。严防药品生产企业无菌制剂灌装生产过程控制不严造成染菌风险，通过整治，减少了热原反应发生率。四是开展医疗机构制剂注册、制剂配制治理。理顺注册工作程序、审批流程，增设盲审环节，保证了注册审评公平公正；加强医疗机构制剂配制监督管理，提高了医疗机构制剂质量管理水平。五是开展医疗机构药品质量专项检查。对城乡接合部、车站、农村集贸市场及问题多发地的医院、诊所加强监督检查和抽验，严厉打击使用假药、劣药、过期药品的违法行为。共检查医疗机构 15000 余家，立案 265 起，责令整改 2298 家。重点对基层医疗机构药品购进及存储两个环节存在的问题进行治理。六是开展了安国中药材市场专项整治、药包材集散地整治、药品电视购物专项整治等行动。七是对全省取得互联网药品信息服务资格和互联网药品交易服务资格的企业进行网上监测。对部分互联网药品信息服务企业未在其网站主页显著位置标注《互联网药品信息服务资格证书》编号、互联网药品交易服务企业网站展示含麻黄碱类复方制剂等问题进行了查处。

（四）健全药品生产监管制度，稳步实施新版《药品生产质量管理规范》（简称 GMP）

2014 年，河北省食品药品监督管理局继续稳步推进新版 GMP 实施工作。全年共召开认证办公会 22 次，对 163 家/次药品生产企业 GMP 认证情况进行综合评定，对 24 家认证的药品生产企业进行现场调研和指导，并积极组织拟订《河北省中药饮片 GMP 检查指导原则》，进一步完善中药饮片 GMP 认证检查标准。截至 2014 年底，全省共有 177 家药品生产企业通过新版 GMP 认证，占药品生产企业总数的 57%，共取得新修订 GMP 证书 278 张。

同时，河北省食品药品监督管理局先后制定了《河北省药品生产日常监督管理办法（试行）》《抽验不合格药品调查处置工作制度》《河北省药品生产企业停产报告和复产申报制度》等一系列文件，对全省药品生产分级管理、备案管理、企业自查、问题处理和责任追究等事项做出详细规定，对药品生产企业不合格品调查处置、企业停产及停产后恢复生产进行规范。药品生产监督管理进一步精细化、规范化，为药品生产环节质量安全夯实了制度基础。

（五）加强新修订《药品经营质量管理规范》（简称 GSP）宣传培训，有序推进认证检查工作

为稳步推进新修订 GSP 实施工作，河北省食品药品监管局对全省药品经营企业进行摸底调研，制订 GSP 认证工作计划和实施方案，对企业负责人、认证检查员和监管人员进行新版 GSP 宣贯培训，为认证工作顺利开展奠定了基础。为提高认证工作科学性、严肃性，河北省启用药品 GSP 认证检查员机选系统，建立问题及时研究解决机制，加强通过认证企业的跟踪检查，有效保证了认证工作公正、客观、高效。

2014 年，河北省食品药品监管局共受理 375 家药品经营企业 GSP 认证资料，213 家药品经营企业通过了现场认证检查并取得《药品经营质量管理规范认证证书》；21 家药品经营企业不符合新修订药品 GSP 现场检查标准，不予通过；72 家企业无法达到新修订的 GSP 要求，予以注销；216 家企业核减相应经营范围；69 家企业存在缺陷项，限期整改。所有经营疫苗、麻醉药品、精神药品、蛋白同化制剂

和肽类激素的批发企业及经批准可以接受药品委托储存配送的批发企业都在规定时间内接受了认证现场检查。

（六）积极引导公众参与，加大社会共治力度

2014年，河北省食品药品监督管理局积极推动药品安全社会共治工作开展。一是印发《关于发动群众广泛参与食品药品安全社会共治的指导意见》，明确社会共治工作目标和具体措施。二是启用"药安食美"社会共治平台，社会公众可通过平台查询药品生产经营单位情况，对产品进行评价，对质量安全问题进行投诉举报。三是加大信息公开力度。印发了《河北省食品药品安全诚信信息管理办法（试行）》，及时发布药品抽验不合格企业和产品名单，曝光药品生产经营违法案件，倒逼企业自律。四是畅通投诉举报渠道。建立省市县一体化的12331投诉举报平台，集中受理，统一交办，提高投诉举报的受理与办理效率。2014年，全省接到各类药品投诉举报4082件，其中立案333件，结案251件，移交司法机关14件。

（七）加强行政执法与刑事司法衔接，严厉打击各类违法犯罪行为

2014年9月，河北省食品药品监管局与省高级法院、省检察院、省公安厅联合印发《关于切实做好打击制售假劣药品违法犯罪行政执法与刑事司法衔接工作若干问题的意见》，就药品执法办案中的协作配合、案件移送、涉案药品的委托检验和鉴定意见、涉案物品处置、建立联席会议、案件信息共享和信息公开协调机制等问题做出明确规定，行政执法与刑事司法衔接更加顺畅，监管部门与公、检、法机关之间的协调联动更加密切。

2014年，全省食药监系统共查处各类药品违法违规案件12374件，移送司法机关38件，涉案物品总值519.5万元。全省公安系统

侦办各类药品刑事案件 526 起，抓获犯罪嫌疑人 536 人，捣毁窝点 173 个，涉案价值 1.5 亿元，先后查处了沧州孟村县张某等销售假药案、秦皇岛陈某制售假药案、邯郸永年县刘某等制售假药案等一系列药品违法犯罪大案要案。据统计，2010～2014 年，全省检察机关查办涉嫌生产销售假药、生产销售劣药案件 143 件，批捕 232 人。

五　2015 年重点工作

2015 年，河北省将进一步完善药品安全治理体系，探索创新监管模式，加强监管基础建设，以问题为导向防控各类风险隐患，全面提升药品安全保障能力。

一是以《"食药安全、诚信河北"行动计划（2013～2015）》等纲领性文件为统领，积极促进医药产业结构调整和转型升级。二是以构建风险隐患排查机制为保障，持续加大隐患排查和风险防控力度，防患未然。三是以深入开展专项整治为抓手，巩固前期整治成果，整肃规范市场秩序。四是以发现问题为导向，强化靶向性抽验，为日常监管提供技术支撑。五是以稳步推进新修订药品 GMP、GSP 实施为契机，全面加强药品生产经营过程质量控制。六是以进行有因检查、飞行检查为常态，强化药品生产过程质量监管，解决深层次药品生产安全隐患。七是以强化药品研制、生产、流通、使用各环节信息综合利用为支撑，在药品生产企业推行量化分级管理。八是以规范医疗机构制剂审批为基础，开展医疗机构制剂批准文号普查，确保医疗机构制剂质量安全。九是以探索建立中药材追溯体系为手段，进一步规范中药饮片炮制。

B.3
2014年河北省医疗器械质量安全报告

河北食品药品安全研究报告课题组

摘　要：　本文在分析概括河北省医疗器械产业面临形势和存在问题的基础上，分品种、分环节对河北省医疗器械质量安全情况进行评价，并对医疗器械监督抽验不合格原因进行分析。全省医疗器械监管能力稳步提升，医疗器械质量安全水平总体良好。

关键词：　医疗器械　质量安全　河北

医疗器械是医疗服务体系、公共卫生体系建设中最为重要的基础装备，具有技术创新快、专业跨度大、应用范围广等特点，在公众医疗和身体康复中有着广泛的应用。近年来，河北省食品药品监督管理局多措并举，不断加大对医疗器械的监管力度，监管体制机制逐步健全，质量安全水平大幅提升。2014年，医疗器械抽验合格率为94.9%，全年未发生重大医疗器械质量安全事件，医疗器械质量安全水平总体状况良好。

一　产业概况

截至2014年底，全省实有医疗器械生产许可证274件，医疗器械生产企业576家，其中Ⅰ类302家、Ⅱ类234家、Ⅲ类40家。国家级、省级重点监管企业54家，其中国家级重点28家，省级重点26家，分别占全部生产企业的4.86%和4.51%。全省共有医疗器械经营企业许可证3750件。

经过近几年的产品注册引导，全省医疗器械产业产品结构渐趋完善，低附加值的车、床、台、架等传统产品逐渐向科技含量和产品附加值高的产品延伸，部分产品在国内初步形成主导优势。代表性的产品有以秦皇岛市康泰医学系统有限公司和石家庄翰纬医疗有限公司为代表的电子监护类产品，以满友、普康、霸州长城为代表的电动床、牵引床等医用床类产品，以石家庄亿生堂、瑞诺为代表的医用高分子产品，以廊坊恒益、保定长城、唐山英诺特、石家庄禾柏为代表的体外诊断试剂。

从地域分布情况来看，衡水、石家庄、保定、廊坊四个地区医疗器械生产企业相对集中，约占全省生产企业总数的2/3，集中分布特征明显。其中Ⅱ类、Ⅲ类企业及国家、省重点监控产品主要集中在石家庄、保定、廊坊等地区，Ⅰ类生产企业衡水地区较多。经过近年快速发展，形成了保定雄县避孕套、医用乳胶手套生产基地，衡水Ⅰ类牵引、固定用理疗器械生产基地。

二　质量安全状况总体稳定向好

（一）2014年抽验合格率增幅较大

2014年，全省共完成医疗器械抽验607批次，不合格31批，合格率为94.90%。其中，无源医疗器械抽验364批次，不合格9批次，合格率为97.5%；省内生产或销售的有源医疗器械22批次，不合格5批次，合格率77.3%；在用有源医疗器械抽验221批次，不合格17批次，合格率92.3%，较2013年提高5.68个百分点（见图1）。

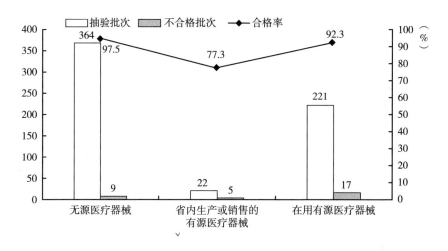

图1　2014年医疗器械抽验情况

2012～2014年，共抽验医疗器械1812批次，不合格147批次，总体合格率91.89%，年度合格率分别为91.53%、89.22%、94.90%，其中2014年增幅较大（见图2）。

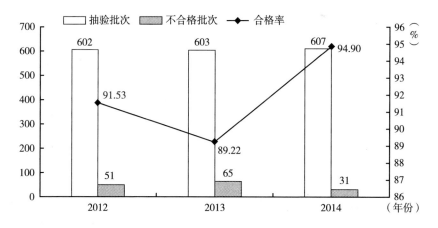

图2　2012～2014年医疗器械抽验情况

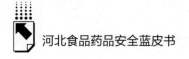

（二）生产环节合格率略高于其他环节

2014 年，在生产单位抽样 40 批，不合格 2 批，合格率为 95%，在经营单位抽样 117 批，不合格 6 批，合格率为 94.9%；在使用单位抽样 450 批，不合格 23 批，合格率为 94.9%（见图 3）。

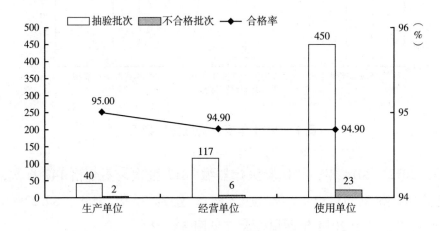

图 3　2014 年各环节抽验情况

（三）常规产品合格率较稳定

在 2014 年抽验的 25 种产品中，13 种产品合格率达到 100%，20 种产品合格率在 96% 以上。综合近 3 年抽验情况，合格率较高的医疗器械主要有敷贴类产品、无菌口腔器械盒、外科纱布敷料、外科缝线、医用缝合针、一次性使用注射器、一次性使用塑料血袋、一次性使用麻醉穿刺包、一次性使用无菌引流导管、输液用肝素帽、生化类体外诊断试剂、心脏除颤器、医用中心供氧系统、B 型超声诊断设备、超声多普勒胎儿心率仪、医用诊断 X 射线机等产品（见图 4）。

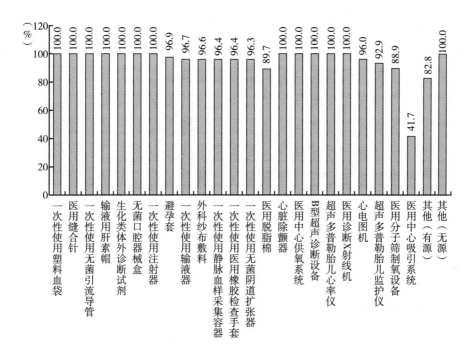

图4　2014年医疗器械抽验合格率

（四）有源类医疗器械合格率相对较低

2012～2014年，全省共抽验无源医疗器械1205批次，不合格88批次，总体合格率为92.70%；抽验有源类医疗器械607批次，不合格59批次，合格率为90.28%。有源类医疗器械合格率较低的是在用医用中心吸引系统。不合格项目主要是真空表不合格，造成原因是生产单位没有按标准要求的精度进行安装（见图5）。

（五）2014年监督抽验不合格原因分析

（1）一次性使用医用橡胶检查手套：抽验28批，不合格1批，不透水试验、老化前扯断力不合格，如在使用过程中破裂，可能对医

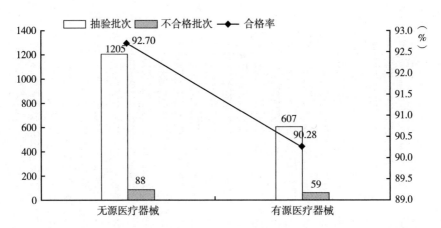

图5　2012～2014年无源医疗器械和有源医疗器械合格率比较

生造成伤害。

（2）医用脱脂棉：抽验29批，不合格3批，酸碱度、性状、吸水量、易氧化物、表面活性物质不合格，使用中会刺激患者的皮肤，可能对患者的伤口造成损害。

（3）外科纱布敷料：抽验29批，不合格1批，酸碱度不合格，可能会刺激患者的皮肤。

（4）一次性使用输液器：抽验30批，不合格1批，滴管滴出量不合格，容易造成医生的误判，可能对患者造成伤害。

（5）天然胶乳橡胶避孕套：抽验32批，不合格1批，爆破体积、爆破压力不合格，可能造成使用者避孕失败。

（6）一次性使用静脉血样采集容器：抽验28批，不合格1批，公称液体容量不合格，可能造成患者抽血量不准确。

（7）一次性使用无菌阴道扩张器：抽验27批，不合格1批，无菌不合格，可能对患者造成感染。

（8）心电图机：抽验25批，不合格1批，幅度频率特性不合格，可能会造成医生的误判。

（9）超声多普勒胎儿监护仪：抽验14批，不合格1批，外部标记不合格。

（10）医用中心吸引系统：抽验 24 批，不合格 14 批，真空表不合格，造成原因主要是生产单位没有按标准要求的精度进行安装，可能不能满足医疗使用要求。

（11）医用分子筛制氧设备：抽验 9 批，不合格 1 批，氧浓度不合格，可能使患者吸氧量达不到要求。

（12）中频颈椎腰椎治疗仪：输入功率不合格，可能造成安全隐患。

（13）数码经络治疗仪：定时时间误差不合格，可能对患者的治疗时间造成误差。

（14）防褥疮气床垫：外部标记不合格，可能造成误用。

（15）特定电磁波治疗器：正常工作温度下的电介质强度不合格，可能对患者造成安全隐患。

三 医疗器械不良事件监测整体水平不断提高

医疗器械不良事件是指获准上市的质量合格的医疗器械在正常使用情况下发生的，导致或者可能导致人体伤害的各种有害事件。医疗器械不良事件监测通过对医疗器械使用过程中出现的可疑不良事件进行收集、报告、分析和评价，对存在安全隐患的医疗器械采取有效的控制，防止医疗器械严重不良事件的重复发生和蔓延，保障公众用械安全。2014 年，河北省不断加强医疗器械不良事件监测综合能力建设，监测能力不断提高，报告数量持续增长，监测水平逐年向好。

（一）网络基层用户不断增加

截至 2014 年底，在国家医疗器械不良事件监测系统注册的河北省基层网络用户（包括医疗器械生产企业、经营企业和使用单位）共计 8008 家，较上年增长 17.34%。其中包括医疗器械生产企业 70 家，约占注册基层用户的 0.87%；医疗器械经营企业 3121 家，约占注册基层用户的 38.97%；医疗器械使用单位 4817 家，约占基层用户的 60.15%（见图 6）。

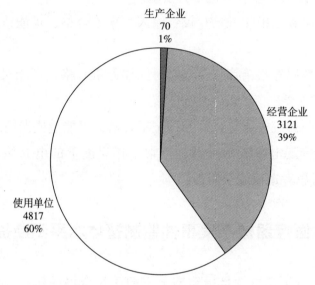

图 6　网络基层用户注册情况

（二）医疗器械不良事件报告数量持续增长

2014 年，河北省各级医疗器械不良事件监测网点共计上报《可疑医疗器械不良事件报告表》8010 份，同比增长 69.42%，平均百万人口报告数 108 份，达到了《国家药品安全"十二五"规划》中 100 份/百万人的目标要求。2011 年以来，医疗器械不良事件年度报告数量分别为 1701 份、3851 份、4728 份、8010 份，呈现持续增长的良好态势（见图 7）。

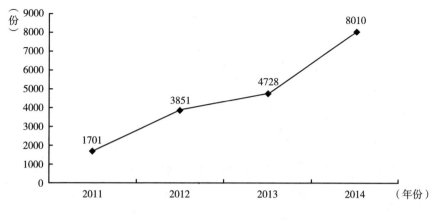

图7　2011～2014年报告数量

（三）严重伤害事件报告占比整体上呈稳步提高趋势

2014年，在收集到的8010份医疗器械不良事件病例报告中，严重伤害事件报告504份，占比达到6.29%，同比增长58.99%。2011～2014年，年度严重伤害事件报告分别为60份、211份、317份、504份，占比分别为3.53%、5.48%、6.70%、6.29%，严重报告整体上呈稳步提高趋势，报告质量逐年向好（见图8）。

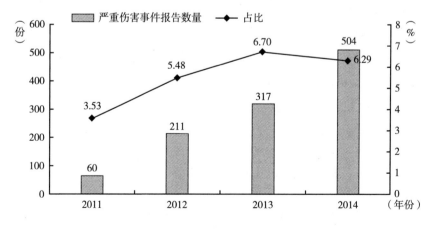

图8　2011～2014年严重伤害事件报告情况

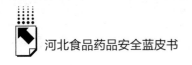

四　采取的政策措施

（一）逐步完善审评审批机制

2014 年，河北省食品药品监督管理局以医疗器械注册新法规实施为契机，不断深化审批制度改革，建立健全注册技术审评体系，实现了医疗器械注册受理、审评、审批三分离，进一步提高了医疗器械审评审批质量和效率。2014 年 7 月，省食品药品监督管理局成立了医疗器械技术审评中心，遴选聘用了 70 多位专家，充实完善了技术审评专家库。2014 年，先后发放医疗器械注册（备案）705 个，其中第 I 类医疗器械注册证 349 个，第 II 类医疗器械注册证 356 个，办理医疗器械生产许可 108 件。

（二）扎实开展医疗器械"五整治"专项行动

2014 年，河北省食品药品监督管理局集中开展了为期 5 个月的医疗器械"五整治"专项行动，重点整治医疗器械虚假注册申报、违规生产、非法经营、夸大宣传、使用无证产品等五种行为。活动开展以来，全省共出动执法检查人员 15700 人次，检查医疗器械生产、经营、使用单位 16406 家次，完成注册申请资料真实性核查 1505 件，监测违法广告 982 条次；依法查处各类违法违规案件 406 起，吊销《经营许可证》5 个，移送司法机关 36 起，端掉义齿加工黑窝点 5 个，罚没款项 296.28 万元。

（三）对高风险企业实施重点监管

全面督促落实医疗器械生产企业主体责任，重点加强对高风险生产企业的监督检查。2014 年，河北省食品药品监督管理局组成 12 个监督检查组，对全省43个无菌和植入类医疗器械企业进行了全覆盖监督检查，深入开展了以省内高风险医疗器械生产企业为重点的安全隐患排查，加强了对停产半停产企业和定制式义齿、避孕套、体外诊断试剂等重点产品企业的监管，实现了国家重点监管企业和省重点监管企业100%全覆盖。

（四）不断加强技术支撑能力建设

河北省医疗器械检验检测机构积极实施检验项目扩项，由190项增至417项。电磁兼容实验室项目建设积极推进。完成了医疗器械环境检测实验室建设。购置浮游菌采样器、全自动新型生化培养箱80余台。医疗器械检验设施条件进一步改善，检验能力得到有效提升。

（五）全力做好新《医疗器械监督管理条例》宣贯工作

为确保新修订的《医疗器械监督管理条例》及其配套规章和规范性文件颁布实施后，各项工作有序衔接、平稳过渡，河北省食品药品监督管理局积极开展法律法规宣传培训活动。先后举办了3期新法规知识培训班，对全省监管人员、监督检查员、生产经营企业主要负责人进行了全面培训；修订完善了《医疗器械生产许可审批办事指南》《河北省第二类医疗器械注册申报工作指南》等20多项工作制度。全省先后发放各种学习宣传资料30000余册（份），举办各类培训班30多场次，有效保证了新法规政策宣传到位、理解到位、落实到位。

（六）及时查处各类医疗器械违法违规行为

2014年，全省食品药品监管部门共受理医疗器械投诉举报808件，监测并移送违法医疗器械广告1157条次，查处严重违法广告

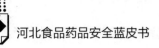
994 条，查办各类医疗器械违法违规案件 1097 起，罚没款项 400 多万元。

五　面临的形势和存在的问题

（一）医疗器械产业总体呈现多、小、散、低的格局

河北省医疗器械产业虽企业众多，但规模过小，产业集中度偏低，研发与创新能力不足。生产技术落后，产品高科技含量及附加值低、同质性高，核心竞争力和抵御风险的能力较弱，不适应医疗器械产业的快速发展。

（二）综合监管能力有待进一步提升

现有医疗器械法规体系总体上较粗放和单一，新《条例》出台后，亟待各地完善配套规章制度。县级监管机构监管队伍人数偏少，专业结构不够合理，监管力量薄弱，综合监管能力不高，不能满足新形势下的监管工作需求。

（三）技术支撑能力建设不足

各地审批和监管信息目前无法共享，产品检测范围、产品风险信息监测分析局限，技术审评力量薄弱，抽验经费、检验能力和装备与监管需求不相适应，抽验品种覆盖率不高，日常监督抽验力度不够等方面严重制约着整体监管能力的提高。

（四）医疗器械不良反应报告总体质量仍然不高

医疗器械生产企业在报告收集、上报意识、入网情况、报告质量方面存在较大差距，各地报告不均衡，年底突击上报现象仍然存在。

（五）监管对象存在的主要问题

企业专业人员少，质量管理人员业务不精，生产操作规程执行不够严格，质量管理体系落实不完全到位。使用单位法律意识不强，个别单位存在使用无证产品和假冒伪劣产品的情况。

（六）投诉举报中反映的问题

问题主要集中在经营环节，约占投诉举报总数的60.30%，主要是虚假宣传和无证经营。

六　2015年工作安排

一是健全完善医疗器械注册受理、审评、审批操作规程，提升医疗器械生产许可、注册审评审批质量。二是开展医疗器械研制情况真实性核查，打击虚假申报行为。三是制定全省医疗器械高风险产品和重点产品监管目录，实施医疗器械生产企业分类分级监管。四是研究制定《河北省体外诊断试剂经营使用管理办法》，规范体外诊断试剂经营使用管理行为。五是加大《医疗器械生产质量管理规范》《医疗器械经营质量管理规范》的组织实施力度，重点加强对无菌、植入类高风险医疗器械生产企业的监督检查。

分　报　告

Sub-Reports

Ⓑ.4

2014年河北省蔬菜质量
安全状况分析及对策研究

高云凤　张少军　黄玉宾*

摘　要：　2014年，河北省大力推进蔬菜标准化生产，建立健全
蔬菜检验检测、质量追溯和风险预警体系，积极加强
蔬菜质量安全执法监管，全省蔬菜质量安全保持在较
高水平。本文按照月份、市域、检验项目和蔬菜种类
对蔬菜农药残留检测结果进行统计，概括分析了蔬菜
农药残留超标的原因和质量安全管理工作存在的薄弱
环节，提出了加强河北省蔬菜质量安全的对策建议。

关键词：　蔬菜　检验检测　农药残留

---

* 高云凤，河北省农业环境保护监测站正高级工程师，主要从事农产品质量安全研究；张少
军，河北省农林科学院农产品质量安全研究中心研究员，主要从事农药残留和农产品质量安
全风险评估；黄玉宾，河北省农业环境保护监测站研究员，主要从事农产品质量监测研究。

蔬菜是城乡居民生活必不可少的重要农产品，也是农民增收致富的重要产业，蔬菜质量安全事关人民群众身体健康和生命安全，事关产业稳定发展和农民持续增收。河北省高度重视蔬菜质量安全，大力推进标准化生产，建立健全检验检测、质量追溯和风险预警体系，积极加强执法监管，全省蔬菜质量安全保持在较高水平，保障了城乡居民的蔬菜消费安全。

一　河北省蔬菜生产基本概况

2014 年，全省蔬菜播种面积 123.75 万公顷，蔬菜产量 8125.7 万吨，蔬菜产量居全国第 2 位。主要种植叶菜类、白菜类、甘蓝类、根茎类、瓜菜类等 130 余个蔬菜品种。蔬菜产业主要分为四大产区：冀南地区，以永年为核心的叶菜生产区；冀中平原地区，以藁城、新乐、定州、定兴、永清、固安、安次、肃宁、青县、饶阳等为核心的拱棚蔬菜生产区；冀东地区，以承德山区、乐亭、丰南、滦南、昌黎等为核心的日光温室集中产区；张家口、承德坝上地区的错季蔬菜产区。共涉及 72 个县，其中藁城、定州、玉田、固安、永年年生产面积均在 50 万亩以上，永年是河北省蔬菜生产第一大县，年生产面积 80 万亩以上，年生产蔬菜 360 万吨。河北省有以蔬菜生产为主的农民专业经济合作社 1250 家，设施可种面积 200 亩以上的园区 911 个，千亩以上蔬菜产业省级园区 90 个、部级园区 142 个。

二　河北省蔬菜质量安全工作取得的成效

（一）蔬菜质量检测体系基本形成

为提高检验监督能力，河北省建成了河北省农产品质量监督检测中心、农业部农药残留质量监督检测测试中心（石家庄）、农业部肥

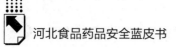

料质量监督检验测试中心（石家庄）三个省级中心，现已具备了农产品、农药、化肥质量检测能力。全省 11 个设区市农业（农牧）局，辛集和定州农牧局建立了农产品质量检测中心，135 个县建立了农产品综合质检站，为强化蔬菜质量监督管理奠定了基础。

（二）科学技术得到推广普及

围绕推进无公害标准化生产，结合实际，河北省制定了无公害蔬菜生产技术、环境、安全控害地方标准和操作规程，初步形成了较为完善的无公害蔬菜质量标准体系。积极开展蔬菜标准园创建，带动了区域农产品标准化生产。依托省级现代蔬菜产业园建设和部级蔬菜标准化创建，大力推广防虫网、黏虫板、性诱剂、杀虫灯、丽蚜小蜂防治和雄蜂授粉技术等标准化生态防控关键技术，把膜下滴灌水肥一体化技术作为标准化生产的核心，以华北平原地下水超采综合治理试点为契机，在 33 个县（市、区）规模化设施蔬菜园区实现节水灌溉全覆盖，力图从源头上控制病虫害的发生，进而减少农药的使用，提高蔬菜产品质量安全水平。截至目前，年内新增千亩规模标准园 80 个，全省种植面积 10 万亩以上大县达到 72 个。

（三）"三品一标"认证工作持续发展

2014 年，无公害农产品产地新认定 37 个，认定面积 5513 亩；产地复审 109 个，认定面积 87.2 万亩；新认证无公害农产品 136 个，复查换证 186 个。"涉县柴胡""高碑店黄桃""黄粱梦小米""柏各庄大米"获得国家农产品地理标志登记保护。

（四）蔬菜质量追溯系统覆盖面逐步扩大

2014 年，在现代蔬菜产业园建设和部级标准园创建方案中，明确将实施质量追溯列为"一票否决"。赋予每批蔬菜产品统一的二维码"身份证",实现生产过程可查、责任可追的从产地到市场的全程溯源管理。将11个设区市和定州市的54个合作社作为试点,取得了较好效果。廊坊市应用单位达到201家,其他市100家。

(五)全省蔬菜质量安全稳定向好

2014年,全省蔬菜、食用菌产品的例行监测结果表明,种植业农产品质量安全稳定向好。全省共抽检蔬菜样品2859个,蔬菜种类包括番茄、黄瓜、白菜、甘蓝、豆角、茄子、青椒、韭菜、油菜、莜麦菜、芹菜、蒜薹、茴香、马铃薯、尖椒、西葫芦、菠菜、萝卜和食用菌等72种,检验项目包括甲胺磷、氧乐果、久效磷、氰戊菊酯、甲氰菊酯、氯氟氰菊酯、涕灭威、灭多威、克百威、阿维菌素等有机磷、有机氯、拟除虫菊酯、氨基甲酸酯类等农药残留69项,蔬菜总体合格率98.85%,与2013年98.5%的合格率相比有所提高。

(六)全省未发生重大蔬菜质量安全事故

通过落实属地责任制、强化培训和技术服务、加强预警监测和例行监测、开展农业清洁生产、稳步推进"三品一标"认证、细化监管等措施,扎扎实实开展蔬菜质量安全监管工作,全省蔬菜质量安全状况稳定向好,2014年全省未发生重大蔬菜质量安全事故。

(七)与北京建立了稳定的产销合作关系

2014年以来,先后多次与北京市农委、农业局对接洽谈,并两次与新发地蔬菜批发市场进行洽谈,促进产销合作。7月下旬至8月底,河北省政府驻京办、北京市农产品物流协会、北京物美集团和张家口6个县的蔬菜合作社一起,组织了"坝上蔬菜进首都、进物美"促销活动,促进坝上错季蔬菜销售10000吨。目前,有90家河北蔬菜专业合作社与北京市20多家超市建立了稳定的产销合作关系。

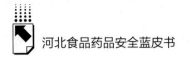

三　河北省蔬菜质量安全监管情况

（一）加强宣传培训，提高质量安全意识和生产技术水平

1. 加强蔬菜质量安全宣传

利用3·15宣传日和食品安全宣传周活动制作展板，印制宣传资料，还通过电视、网络、电台、手机短信等形式进行广泛宣传。结合各地"阳光培训"活动大力开展宣传活动，针对年初冬春季节低温寡照、连阴天、强降雪等灾害性天气多发频发的情况，结合河北省设施类型实际，及时研究制定了《冬春棚室蔬菜管理技术指导意见》，就着力推广蔬菜"双十"关键技术、加强田间生产管理、科学应对灾害性天气、全力确保蔬菜产品质量安全四个主要方面提出技术指导意见。通过河北蔬菜网等渠道对《关于进一步加强蔬菜田科学用药工作的通知》进行广泛宣传，不断提高河北省蔬菜规范科学用药水平，确保蔬菜质量安全。

2. 宣传推广"双十"技术

以蔬菜标准园和蔬菜产业技术体系为平台，深入藁城、永年、曲周、肥乡、饶阳、乐亭、高邑等蔬菜重点县专业乡村，围绕"双十"关键技术进行现场指导培训和咨询服务，查找存在的突出问题和不足，督促整改完善，总结典型经验和创新做法，并进行大力宣传和推广。以蔬菜行业协会名义，在保定组织召开了"第五届河北省菜农科技示范户培训暨'萌帮杯'第四届蔬菜技能比武大赛"。全省优秀蔬菜专业合作社技术能手、蔬菜大户等150人参会，会上组织专家就"双十"关键技术和蔬菜绿色防控等内容做了专题讲座，并现场解答了菜农提出的问题，有力地促进了"双十"关键技术的普及推广，推动了蔬菜产品质量安全水平的提升。

3. 开展多项试验示范和技术培训

通过多种形式进行农药安全使用宣传和培训。给各地下发了《农药安全使用挂图》《杀虫剂抗性管理策略》等技术挂图 2000 册，《无公害农药使用指南》《农药科学安全使用培训指南》等技术书籍 1000 册以及专业施药防护服 3000 套。组织开展了植保机械试验示范展示及培训、绿色防控技术培训、农药械试验示范展示及培训、无公害农产品检查员培训和内检员培训、现代蔬菜产业园质量追溯与物联网技术应用培训等，通过培训，农民的质量安全意识和业务水平得到提高。

4. 组织开展了农药市场监督管理年宣传活动

各级农（牧）业部门充分利用广播、电视、报刊、网络等形式，宣传农药管理法律法规、国家禁限用农药有关规定，开展了农资科技下乡等活动，印制明白纸、宣传手册、宣传画，在农村集贸市场等进行发放，积极向农民朋友推介放心农药产品。全省共印发各类宣传材料 22.5513 万份。组织了全省涉嫌违规农药生产企业整改培训会，对在 2013 年农业部和河北省农药市场监督抽查中涉嫌违规生产的省内39 家农药企业进行整顿工作部署和法律法规知识培训，进一步增强了农药生产企业的守法意识和责任意识。

5. 规范生产记录

为规范河北省蔬菜生产记录管理工作，对河北省蔬菜生产记录实施和管理情况开展了调研，在组织全省蔬菜有关部门进行全面摸底的基础上，深入定州市、藁城市、高邑县、昌黎县、永年县、博野县等10 余个县（市）50 多个蔬菜种植园区、专业合作社、农业部蔬菜标准园和种植大户进行实地调研，依据《中华人民共和国农产品质量安全法》相关规定，研究制定了《河北省蔬菜生产记录管理办法》，经省政府法制办公室审查同意，印发了《河北省农业厅关于印发

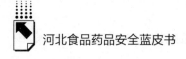

〈河北省蔬菜生产记录管理办法〉（试行）的通知》，为做好全省蔬菜生产记录工作奠定了基础。

（二）建立健全农药管理制度，加大农药监管力度

1. 建立农药销售记录

各地在严格执行农业部颁发的有关农业投入品的一系列禁用、限用规定的基础上，根据当地实际，出台了一系列规范农药等农业投入品销售、使用行为的规章，建立健全了"农药销售记录"，推行"诚信卡"制度，实行可追溯管理。并积极引导农民使用低毒、低残留农药产品，产中积极推行田间生产记录档案，疏堵结合措施的落实较好地控制了农业投入品的销售和使用。

2. 公布农药产品推荐名单

为了摸清农药使用情况，2014 年 1 月省植保站下发了《关于进一步加强蔬菜田农药科学安全使用工作的通知》，并提出了《河北省 2014 年度农药产品推荐名单》，为全省农药安全使用提供了依据。2014 年 8 月下发了《关于认真做好 2014 年农药与药械使用情况调查和 2015 年需求预测工作的通知》，年内完成了数据统计工作。

3. 开展禁限用高毒农药专项整治

2014 年元旦、春节期间，印发了《关于"两节"期间加强农药市场监管工作的通知》，组织全省农药监督管理部门开展以禁限用高毒农药为重点的农药市场大检查行动，强化对高毒农药的有效监控，及时发现和消除安全隐患。

4. 开展农药市场打假活动

按照《河北省 2014 年农药监督管理年活动实施方案》要求，根据农时季节和农药产品生产、销售、使用的特点，围绕重点地区、重点市场、重点品种，以农药生产经营单位整治为重点，以蔬菜、小

麦、果树用农药产品为检查对象，开展了春、夏、秋季农药市场打假行动，有效保障了农产品质量安全。开展了农药标签和质量专项抽查活动。为严厉打击制售假劣农药特别是在低毒农药中掺杂高毒农药的违法行为，结合河北省农业生产和农药使用情况，研究制定了《河北省2014年农药监督抽查工作实施方案》，实行"检打联动"，对质量和标签不合格产品，下发了《关于查处农药违法行为的函》，责成各设区市农药监督管理部门依法查处。

5. 开展高毒农药定点经营示范县建设

根据农业部《高毒农药定点经营示范项目实施方案》要求，制定了《河北省2014年高毒农药定点经营示范县建设工作指导方案》，对示范县建设提出了具体要求。按照"自愿申报、严格标准、程序公开、公正遴选"原则，经过严格筛选，确定在衡水市故城县、保定市雄县和涞水县、邢台市隆尧县等四个县开展高毒农药定点经营示范县建设工作。各示范县成立了以农业局主要领导挂帅的高毒农药定点经营项目建设工作小组，积极推动工作的开展，严格按照《河北省高毒农药定点经营示范县建设工作方案》，并结合各县的具体实施方案，科学规划，合理布局，严格程序，认真审核，2014年，四个示范县共设立高毒农药定点经营门店63家，完善追溯管理设备软件，力争达到"六个一"标准。

6. 规范农药登记管理

进一步规范农药评价试验，完善试验条件，狠抓试验队伍建设。按照"六化"要求，对试验网点县进行了重新认定考核。为严格初审登记审批管理，制定了《河北省农药检定所登记审批责任追究制度》，实现了农药登记程序透明、资料规范、责任明确、限时办结。从农药登记审查工作实际出发，强化了企业登记申报人员的培训，提升了企业登记申报人员的业务水平。全年共完成农药登记初审产品199个、续展登记产品514个。

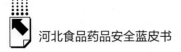
7. 研究探索农药械应用新技术

积极引进新农药和新型植保机械，在栾城县、南和县等引进植保航空飞机，进一步提高了专防队的防治水平和安全用药能力。省植保站和先正达、上海升联等国内外厂家合作，完成了小麦、玉米、蔬菜、果树等病虫害的农药试验示范 17 项，完成新农药试验示范 100 项以上，研究探索了农药械应用新技术，为实现农药减量控害提供了技术支撑。

8. 促进蔬菜农残超标整治工作

针对省农产品质量检测中心每月开展的蔬菜农药残留检测结果，对蔬菜农药残留超标的生产主体进行监督管理。向保定、衡水、廊坊、沧州等地发出 8 份整改函，督促相应市县监管部门开展质量追溯查询，查找超标原因，同时加强宣传，促使生产主体合理使用投入品，确保农产品安全上市。

9. 确保暑期和露地蔬菜质量安全

在 7~8 月秦皇岛暑期办公期间，加大暑期特供基地的蔬菜质量监管力度。组织种植业成员单位对重点品种（豇豆、豆角、芹菜、韭菜、菜心、生菜等）、重点投入品（克百威、甲拌磷、氧乐果、水胺硫磷等限用高毒农药）、重点单位（暑期特供农产品生产单位）开展了督导检查活动，对社会上反响比较大、可能导致产品质量安全问题的蔬菜有针对性地开展检测和预警，为农产品质量安全监管提供依据。为确保 2014 年青奥会农产品供应基地产品质量安全，8 月对沽源县、围场县、尚义县、张北县的青奥会蔬菜供应基地进行了督导检查，保障露地蔬菜质量安全。

（三）改进肥料监管，把好肥料质量关

2013 年，河北省肥料登记取消以后，肥料监管工作的重点转为检查肥料的养分含量是否与标识相符以及定期对可能危及农产品质量

安全的肥料进行监督抽查，并公布结果。2014 年，重点开展了全省肥料监督抽查工作，印发了《河北省农业厅办公室关于开展肥料监督抽查工作的通知》，组织各市农业综合执法人员分 5 组对全省肥料企业、农资市场进行监督抽查，重点抽检复混肥料、掺混肥料，检测项目包括总氮、有效磷、钾、水溶性磷、氯离子等 7 项。全省共抽取复混肥料和掺混肥料样品 145 批次，检验合格 136 批次，总体样品合格率为 93.8%，较 2013 年肥料抽检 86.3% 的合格率有了进一步提高。在不合格产品中，主要问题是养分含量不足、氯离子含量超标。其中，养分含量不足的样品占不合格样品的 44.4%，氯离子含量超标的样品占不合格样品的 66.7%。

四 蔬菜生产先进技术推广情况

（一）推广蔬菜提质增效"双十"关键技术

河北省农业部门对近年来蔬菜生产的新形势、新问题进行了广泛调研，对近年来推广效益显著、操作实用性强的技术进行了归纳和集成，提出了河北省蔬菜提质增效"双十"关键技术，作为推动河北省蔬菜标准化生产的重点工作来抓。"双十"即十大技术和十种主栽蔬菜的优良品种，其中十大技术包括病虫害生态防控技术、节水降湿灌溉技术、设施土壤活化技术、灾害天气应对技术等，十大品种即大白菜、黄瓜、番茄、甘蓝、茄子等十大种类蔬菜的优良品种。以蔬菜"双十"关键技术推广为核心，着力提高蔬菜标准化生产水平，不断增强菜农质量安全意识和科技素质，推动蔬菜质量安全工作不断深入。到 2014 年底，全省累计推广"双十"关键技术 4200 万亩，平均亩减少农药使用量 15%，减少用水量 30%，减少用肥量 10%，亩产量增加 10%，亩纯效益提高 500

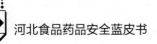

元。"双十"关键技术的推广实施，使河北省蔬菜质量安全水平得到显著提高。

（二）推广蔬菜育苗标准化技术

结合农业综合开发农业部专项蔬菜育苗项目业务管理和蔬菜集约化育苗技术集成创新与示范推广项目实施，推进蔬菜育苗专业化、标准化、规模化发展，构建河北省蔬菜不同类型优势区域的种苗生产和供应体系。在设施菜产区，重点推广了优良品种试验示范、病虫害绿色防控两项关键技术，生态效益显著。

通过推广蔬菜集约化育苗技术，病虫害发生概率降低，壮苗率提高，农药和化肥的施用减少，为生产绿色食品和无公害农产品打下良好基础。经过4~5茬的连续使用，能显著提高土壤的有机质含量，改善土壤结构，增加土壤通透性，提高有益生物数量，从而为蔬菜产品的质量安全提供基础和保障。

（三）推广芦笋生产新优技术

推广芦笋生产新优技术，实现产品提质增效。2014年，主要推广了十项国内外芦笋栽培新技术。采用高产抗病全雄新品种、快速温室两级育苗、深挖定植沟培肥地力技术应用、滴灌水肥一体化、黑地膜覆盖防草防病、支架高产栽培防倒、利用物理和生物的方法防治病虫害、培育多年可持续高产的适度母茎群体技术、冬前彻底清园压低病原基数及盐碱地芦笋栽培技术等。举办了河北省芦笋新技术培训班，各设区市及部分县芦笋协会、合作社、种植大户和加工企业代表等50余人参加了培训。通过推广新技术，增加了新优技术的入户率，提高了芦笋产品的产量、品质和质量安全水平。2014年，芦笋种植面积稳定保持在20万亩，芦笋产品质量安全形势较好，新优技术和标准化生产普及率明显提高。

（四）倡导蔬菜病虫害绿色防控技术

充分发挥抗病（虫）品种、生态调控和非化学防治措施对病虫害的防控作用，逐步减少对化学农药的依赖。指导育苗场筛选出抗病虫害优良品种，如抗番茄黄化曲叶病毒病、枯萎病等多种病害，抗黄瓜花叶病毒病的品种，从种源上解决病虫害导致农药过量使用的问题，从根源上保证了蔬菜生产安全、蔬菜产品质量安全以及生态环境安全。

从目前设施蔬菜病虫害防控技术中筛选出既有较强控害效果、又适于示范推广的绿色物理防控技术，进行配套整合，达到有效防治主要病虫害、提高产品质量安全的目的。农业防治方法，重点是田间整理；物理防治方法，根据害虫对颜色的偏好采用黄板、篮板诱杀害虫；在小菜蛾、菜螟、斜纹夜蛾等成虫羽化期，每栋育苗设施安装1~2台振频式杀虫灯；采用防虫网覆盖，可以有效阻止小菜蛾等多种害虫进入育苗设施；性诱剂技术，可以解决无趋光性害虫预测预报的问题，减少生产上化学农药的使用次数，是生产无公害蔬菜的一项较好措施；生物防治方法，如用丽蚜小蜂防治粉虱，广赤眼蜂防治烟青虫；度锐苗床淋溶技术，针对甘蓝等十字花科蔬菜在苗期虫害严重的现象，项目区试验、示范、推广应用了瑞士先正达公司度锐（氯虫苯甲酰胺＋噻虫嗪）苗床淋溶技术。

五 河北省蔬菜质量安全状况及分析

（一）2014年蔬菜农药残留检测结果分析

2014年抽样检测的2859个蔬菜样品中，合格样品2826个，不合格样品33个，总体合格率98.85%。

1. 按照月份分析

2014年检测的2859个蔬菜样品中，11~12月份的合格率最低，为

97.7%；其次是5~6月份、1~2月份，合格率分别为98.1%、98.2%；3~4月份、7~8月份、9~10月份的合格率最高，均达到99.6%。

2. 分市进行分析

2014年抽样检测全省13市，合格率较高的为唐山、邢台、张家口、定州、辛集，蔬菜农药残留检测合格率为100%；其次为邯郸、秦皇岛、廊坊，蔬菜农药检测合格率分别为99.6%、99.6%、99.1%，石家庄、保定、承德、衡水蔬菜农药残留检测合格率分别为98.8%、98.8%、97.5%、97.0%，沧州蔬菜农药检测合格率为96.9%。

3. 按检验项目分析

2014年抽样检测的2859个样品中，主要超标农药为克百威（含三羟基克百威）、毒死蜱、多菌灵、异丙威、腐霉利、氧乐果、氟虫腈7种，其他农药全部合格。超标次数较多的是克百威检出24次，超标24次，单项超标占超标样品的72.7%；毒死蜱检出10次，超标2次，单项超标占超标样品的6.1%；多菌灵检出114次，超标1次，单项超标占超标样品的3.0%；异丙威检出15次，超标1次，单项超标占超标样品的3.0%；腐霉利检出48次，超标1次，单项超标占超标样品的3.0%；氧乐果检出3次，超标3次，单项超标占超标样品的9.1%；氟虫腈检出1次，超标1次，单项超标占超标样品的3.0%。

4. 按蔬菜种类分析

2014年抽样检测的2859个蔬菜样品基本涵盖了河北省所有时令蔬菜。其中主要不合格蔬菜包括芹菜、茴香、生菜、小白菜、根达、青椒、菠菜、韭菜、香菜、鸡腿菇、菜心、茼蒿、苦菊、黄瓜、尖椒、苦菜共16种，33个不合格样品中，芹菜、黄瓜各5个，生菜4个，茴香3个，青椒、尖椒、小白菜、根达各2个，菠菜、韭菜、香菜、鸡腿菇、菜心、茼蒿、苦菊、苦菜各1个。33个不合格样品中叶菜类22个，占超标样品的66.7%；茄果类9个，占超标样品的27.3%；鳞茎类蔬菜、食用菌类各有1个超标，均占超标样品的3.0%。

（二）2012～2014年蔬菜农药残留检测结果分析

1.蔬菜农药残留检测情况

根据河北省农产品质量检测中心对全省蔬菜农药残留例行检测情况，2012年监测甲胺磷、氧乐果、毒死蜱、克百威等57项农药。2013～2014年监测项目增加至69项。2012～2014年全省范围内蔬菜农药残留检测合格率分别为99.4%、98.5%、98.85%，蔬菜总体合格率保持在98%以上。

2.检测结果分析

通过三年来对全省蔬菜农药残留检测结果分析，呈现3个特点：一是蔬菜上允许使用的农药残留超标。如毒死蜱、多菌灵、腐霉利农药超标，其检测值超过国家限量标准。二是蔬菜上禁用高毒农药仍有检出。如克百威、氧乐果、氟虫腈。三是叶菜类超标居多。检出的不合格样品中，叶菜类（芹菜、茴香、生菜、小白菜、根达、菠菜、香菜、菜心、茼蒿、苦菊、苦菜）占有较大比例。

（三）蔬菜农药残留超标原因分析

1.农药使用量把握不准确

经调查，菜农在使用农药时，把握不好农药使用量，缺乏准确的农药用量量具，往往习惯用瓶盖推算。为提高药效，更好地防治蔬菜病虫害，往往随意加大药量，造成超标现象。

2.安全间隔期把握不够

农药使用安全间隔期是指最后一次施用农药的时间到农产品收获时相隔的天数，可保证收获农产品的农药残留量不会超过国家规定的允许标准。不同农药或同一种农药施用在不同作物上的安全间隔期不一样，菜农在使用农药时根据农药标签标明的农药使用安全间隔期和每季最多用药次数，确保农产品在农药使用安全间隔期过后才采收。

毒死蜱是安全间隔期比较长的一种农药，一般在 7 天以上，不同浓度不同蔬菜安全间隔期不同，有的是 15 天。在实际生产中，菜农往往不习惯记录用药时间，到收获期有可能提前采摘上市，就可能造成蔬菜农药残留超标。

3. 农药产品非法添加高毒农药

个别农药产品标签与成分不符，存在非法添加高毒农药现象。如个别高效氯氰菊酯杀虫烟剂仅含有 2.4% 克百威，氯氰菊酯成分仅含 0.04%，属于非法添加。因投入品产品不合格，菜农在不知情的情况下造成蔬菜产品超标。

4. 农药漂移到蔬菜上

氧乐果、克百威是高毒杀虫剂，是蔬菜上禁止使用的农药，但可用于其他作物如水稻、棉花等，个别地方蔬菜菜田与以上作物相邻，就有可能因防治其他作物的虫害，农药漂移到蔬菜上，造成蔬菜上高毒农药残留。

5. 药械的交叉污染

菜农使用了防治水稻、棉花作物虫害的农药器械，再使用同一器械注入允许使用的农药，防治蔬菜病虫，也可能产生农药交叉污染，造成蔬菜中高毒农药残留。

六　河北省蔬菜质量安全存在的问题

（一）农产品质量监管的宣传仍不够深入

受各方面因素的限制，针对涉农法律法规的专门宣传尚显不足，生产经营者质量意识和法律观念不强。部分生产企业、基地和农户对国办、农业部和省农业厅关于农产品质量安全的最新要求不甚了解，部分合作社规模小且管理松散，生产组织化程度较低，人员素质和管理水平不高。

（二）技术推广经费不足

省委省政府高度重视蔬菜产业发展，着力开展了蔬菜产业示范县建设和省部级蔬菜标准园创建等活动，有力地促进了蔬菜产业持续快速发展，全省蔬菜种植面积不断扩大，区域布局逐步优化，产销对接不断深入。但是，随着河北省蔬菜特别是设施蔬菜规模的迅速扩张，新品种、新技术未能全面跟进，蔬菜产区特别是设施蔬菜新建产区菜农生产技术水平普遍不高，导致蔬菜产量较低、品质较差、效益不高，影响了农民种菜积极性和全省蔬菜产业的健康发展。而河北省目前蔬菜技术推广人员有限，专项推广经费欠缺，很大程度上影响了工作的开展和深入。

（三）种植业农产品质量安全监管体系不完善

省、市、县农产品质量安全监管体系不理顺，市级监管力量薄弱，监管条件保障不足。大部分县级未落实"三定"方案，农产品质量安全监管机构未建立。市县级监管人员、经费不足，开展种植业农产品质量安全监管工作有难度。

（四）国家禁止在蔬菜上使用的高毒农药仍有检出

全省蔬菜例行监测结果表明，仍存在农药残留量超标现象。从超标农药品种来看，超标农药品种主要是克百威、毒死蜱、氧乐果、多菌灵和腐霉利等。在蔬菜上禁用的高毒农药克百威和氧乐果仍有检出甚至超标，在允许使用的农药中，毒死蜱、辛硫磷、腐霉利有超标现象。分析其原因，一是个别菜农违规使用高毒农药，质量安全意识不强，或者农药生产厂家违法添加高毒农药，农户在不知情的情况下使用造成的；二是菜农对于允许使用的农药，用药量偏大或不遵守安全间隔期；三是农业部门宣传不到位，在开展农产品质量监管活动中对生产散户疏于管理。

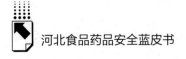

七　河北省蔬菜质量安全对策研究

（一）加强宣传和培训，提高质量安全意识

安全放心的农产品，首先是"产"出来的。提高生产者的质量安全意识和生产技术水平，是保证农产品质量安全的前提。各地农业部门要通过广播、电视、网络等新闻传媒开展宣传活动，通过多形式、多角度、多层次的宣传，提高农民农产品质量安全意识，将安全控制措施转化为广大农民的自觉行动，在生产中科学合理用药、用肥，确保"第一车间"源头安全。大力推广节药、节水、节肥等蔬菜标准化生产技术，从根本上减少农药投入。大力推广高效低毒低残留农药的使用，加强蔬菜病虫害发生的预测预报，实施绿色防控，严格控制农药安全间隔期。同时，加强技术培训和指导，提高农民的科学用药水平。

（二）加大资金投入力度，大力推广标准化生产技术

各级应加大投入力度，把农业标准化工作作为解决农产品质量安全的根本出路、发展现代农业的重要抓手，高度重视，全面推进，积极推进标准化生产。一是推进标准化示范县创建工作。要积极争取国家标准化示范县建设项目，扩大建设规模，加大省、地级示范区创建力度，发挥核心区示范带动作用，依托生产企业、合作社、主要"菜篮子"生产基地，扩大辐射范围。要通过加强品牌建设的市场效应，增强内在动力，有效提高全省标准化生产总体水平。二是稳步推进"三品一标"认证。鼓励符合条件的地方、企业、合作社大力培育和创建"三品一标"生产基地，加快产品申报认证步伐。要加强对获证单位的检查指导，督促、引导农产品生产经营者依法落实质量

管理措施，健全生产档案，严格执行农业投入品禁限用及安全间隔期、休药期等规定，加强证后标志管理，逐步完善退出机制，维护好"三品一标"的品牌信誉，增大市场机制的正能量。

（三）突出整治重点，深入开展专项治理

围绕群众反映强烈的问题，针对重点区域、重点品种，集中力量，深入开展专项治理行动，消除农产品质量安全隐患。一是要深化对突出问题的治理。种植业重点查处在生产环节违规使用禁用、限用农药问题，严格按规定落实企业、合作社生产记录制度和巡查巡检制度。二是狠抓隐患排查。各地要结合实际，围绕重点产品、重点单位和重点地区进行全面细致的执法检查、风险预警评估，组织监管、检测、执法、村级协管员和农产品生产者会商查找安全隐患，及时掌握、纠正和查处各类区域性、行业性风险隐患及"潜规则"问题。三是切实加大案件查处力度。要充分发挥农业综合执法队伍的作用，在农产品案件查办上有新突破，严打违法违规行为。要会同当地食安、公安等部门联合办案，严惩违法犯罪行为。要加大案件曝光力度，震慑犯罪分子，营造打假维权、治劣除恶的良好社会氛围。

（四）细化部门职责，强化责任追究

各地农业部门要强化属地管理责任，落实监管任务，提高监管能力。各地要结合自身实际，细化部门职责，明确农产品质量安全监管各环节工作分工，避免出现监管职责不清、重复监管和监管盲区，建立无缝衔接机制，形成监管合力，消除监管空白，确保环环有监管，全程无漏洞。省级应整合监管力量，明确分工，细化责任。地县两级监管机构设置要科学，人员配备要合理，工作经费要有保障；乡镇监管机构要进一步充实人员，加强能力建设，开展好农民培训、质量安全技术推广、督导巡查等工作，落实好监管服务职责。各地农业部门

要主动加强与编制、发改、财政等部门的沟通，切实强化农产品质量安全监管能力。要强化责任追究，对失职渎职、徇私枉法等问题，要严肃追究相关人员责任。

（五）加大监管力度，推动农产品质量安全

一是抓好投入品监管。各地要以农药、肥料等农资产品为重点，加大对农资批发网点等集散地的检查力度，结合重点季节开展拉网式检查。着重查处无证经营、超范围经营，生产销售未经登记、审定、批准使用的农资产品，查处掺杂用假、以坏充好的农资产品及伪造、涂改生产经营单位名称、地址、有效期等有关质量标识，做到生产有规范、监管有标准、惩处有依据。二是加大产品检测力度。各地农产品质量检测中心要对辖区内农产品进行全面质量跟踪监测，掌握质量安全状况，实施"检打联动"，对抽检不合格的农产品，依托农业综合执法机构及时查处，做到抽检一个产品，规范一个企业，带动一个行业。三是形成社会共治局面。各地要畅通投诉举报渠道，设立投诉举报电话，全面推行有奖举报制度，鼓励各方面参与维护农产品质量安全，扩大社会监督。推进诚信体系建设，建立违法违规"黑名单"制度，对不法生产经营者，依法公开其违法信息，努力营造良好的信用环境，推动农产品质量安全监管向综合治理转变，形成社会共治的工作局面。

B.5
河北省畜产品质量安全状况
分析及对策研究

张庚武　边中生　赵博伟　张　丛　陈晓勇　李杰峰*

摘　要：　当前，畜产品生产进入高成本阶段，动物疫病防控形势依然严峻，畜产品质量安全隐患长期存在。本文介绍了河北省畜产品生产能力和供给现状，从畜产品质量安全监督管理、质量安全水平和重大案件查办等方面总结概括河北省畜产品质量安全总体状况，分析了存在的问题及其产生原因，提出了加强畜产品质量安全的总体目标、思路和对策建议。

关键词：　畜产品　质量安全监管　检验检测

畜产品在食品中占有重要地位，在人们的膳食结构中也占有很大比重，因此，畜产品质量安全是维护人民身体健康和提高生活水平的基础，对全面建成小康社会具有重要意义。随着我国市场经济的发展，畜产品质量安全监管工作面临诸多问题和挑战。河北省是畜牧业大省，畜产品产量居全国前列，但产品质量安全形势依然严峻，因此，了解河北省畜产品质量安全状况、分析存

---

* 张庚武、边中生、赵博伟、张丛，河北省畜产品质量安全监管处，主要从事畜产品质量安全监管工作；陈晓勇、李杰峰，河北省畜牧兽医研究所，主要从事畜产品质量安全研究工作。

在的问题、研究发展对策，对提高畜产品质量水平具有重要的现实意义。

一 河北省畜产品生产和供给基本情况

2014 年，全省畜牧产业仍保持了平稳较快发展势头。全省蛋鸡、生猪、肉鸡、肉牛、肉羊和奶牛规模养殖比例分别达到 92.5%、80.9%、95.9%、51.1%、58.2% 和 100%，已备案规模养殖场 31416 个，备案率达 78.5%。从畜禽养殖规模（存栏和出栏）看，河北省畜禽养殖总体稳定，肉牛、肉羊、家禽，存、出栏实现双增，但个别畜禽种类有小幅波动（见表 1）。2014 年，河北省肉、蛋、奶产量齐增，主要畜产品市场供应充足，肉蛋奶产量分别为 470 万吨、365 万吨和 490 万吨，同比分别增 2.8%、4.8% 和 6.5%（见图 1）。

表 1　2014 年河北省主要畜禽生产情况

指标名称	单位	2014 年	2013 年	增长比例(%)
一、畜禽存栏	—	—	—	—
猪	万头	1915.5	1932.9	−0.9
其中:能繁殖母猪	万头	195.2	197.2	−1.0
牛	万头	402.4	390.7	3.0
1. 肉牛	万头	154.8	149.7	3.4
2. 奶牛	万头	198.1	191.2	3.6
3. 役用牛	万头	49.5	49.8	−0.5
羊	万只	1526.4	1455.1	4.9
1. 山羊	万只	481.6	450.9	6.8
2. 绵羊	万只	1044.8	1004.2	4.0
活家禽	万只	38694.7	37206.4	4.0
其中:活鸡	万只	34754.1	33417.4	4.0
其中:肉鸡	万只	8433.7	8148.5	3.5
蛋鸡	万只	26320.4	25268.9	4.2

续表

指标名称	单位	2014 年	2013 年	增长比例(%)
二、畜禽出栏	—	—	—	—
猪	万头	3638.4	3452.0	5.4
牛	万头	320.6	325.3	-1.4
羊	万只	2189.3	2105.1	4.0
1. 山羊	万只	712.4	667.0	6.8
2. 绵羊	万只	1476.9	1438.1	2.7
活家禽	万只	59627.5	58573.2	1.8
其中:活鸡	万只	48935.7	48070.4	1.8

注：表中所用数据为国家统计局河北调查总队数据。

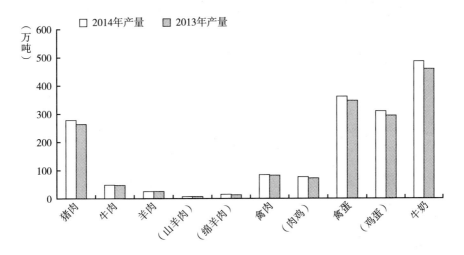

图1　2014 年河北省肉蛋奶产量

二　河北省畜产品质量安全监管情况

（一）监管体制

河北省畜产品质量安全监管体系主要分为行政监管机构和检测机构，行政监管机构主要是承担畜产品质量安全监督管理的综合协调工作；承担落实国家和省有关畜产品质量安全监督管理的法律、法规和规章工作；拟定畜产品质量安全监督抽查计划并组织实施；组织开展畜产品质量安全状况的预测、预警工作；组织畜产品质量安全重大事件应急处置工作等。检测机构主要是作为技术支撑机构，负责投入品及畜产品质量检验监测与技术仲裁工作等。

1. 行政监管机构建设情况

（1）省市级行政监管机构

省级行政监管机构为省畜牧兽医局，具体工作由畜产品质量安全监管处负责，该处编制 8 人，现有人员 6 人。11 个设区市及定州市、辛集市均已成立经编办批准独立的安全监管机构，编制人员数量为44 人，编外聘用人数 17 人，衡水市只有 1 人，最多的地市石家庄市也只有 6 人，多数建立了综合执法大队（见表 2）。可见，省市级行政监管机构编制人员偏少，力量薄弱。

表 2　2014 年市级畜产品质量安全监管机构建设情况

市别	是否已成立经编办批准独立的安全监管机构	编制人数	编外聘用人数	未经编办批准但相对独立的机构	人员数	未成立独立机构挂靠其他科室	专职人员数	是否建立综合执法大队
秦皇岛	是	2	8					是
张家口	是	3	0					是（挂靠动检）
沧　州	是	3	2					是
衡　水	是	1	1					否
廊　坊	是	4	2	—	—	—	—	是
石家庄	是	6	0					是
邢　台	是	3	0					是
保　定	是	3	1					否
承　德	是	3	0					是
唐　山	是	3	2					是

市别	是否已成立经编办批准独立的安全监管机构	编制人数	编外聘用人数	未经编办批准但相对独立的机构	人员数	未成立独立机构挂靠其他科室	专职人员数	是否建立综合执法大队
邯 郸	是	5	0					否
定 州	是	3	0	—	—	—	—	是
辛集市	是	5	0					是
合 计	13	44	17	—	—	—	—	10

（2）县级行政监管机构

全省 134 个县中只有 69 个成立了经编办批准的安全监管股，编制人数为 449 人，编外聘用人数为 27 人，其中衡水市最少，10 个县均未成立安全监管股；保定市最多，21 个县均建立了安全监管股。综合执法大队建立情况也不尽相同，邢台市 17 个县全部建立了综合执法大队，编制人数为 84 人，县均编制人数为 5 人；保定有 17 个县建立了综合执法大队，编制人数为 173 人，县均编制人数为 10 人；邯郸市 15 个县均未建立综合执法大队（见表 3）。可见，不同市的县级监管机构数量、人员编制和综合执法力量建设不平衡。

（3）乡镇级监管机构

全省 1970 个乡镇中只有 493 个乡镇已成立独立安全监管机构，由乡镇站负责的乡镇数为 1474 个；全省 48301 个行政村中有 31064 个行政村有明确专人为安全监管员（见表 4）。可见，乡镇监管力量还不到位，村级监管力量更薄弱。

总之，省市级行政监管机构编制人员偏少，力量薄弱；县级监管机构数量、人员编制和综合执法力量不平衡；乡镇监管力量还不到位，村级监管力量更薄弱。

表3 2014年县级畜产品质量安全监管机构建设情况

市别	县数	经编办批准已成立安全监管股的县数	编制人数	编外聘用人数	经编办批准但未成立独立监管机构,挂靠其他科室的县数	专职人员数	未经编办批准但成立独立监管股的县数	组成人员数	未成立独立的监管机构挂靠其他(股)科室的县数	专职人员数	建立综合执法大队情况		
											是否建立	编制人数	现有人数
秦皇岛	4	1	10	0			3	14	0	0	1	8	7
张家口	13	1	3	1			7	14	5	10	7	72	72
保 定	21	21	95	0	0	0	0	0	0	0	17	173	184
沧 州	14	2	5	10			12	54	0	0	2	0	21
衡 水	10	0	0	0			6	21	4	8	6	0	27
廊 坊	8	2	13	0			4	11	2	10	8	8	38
石家庄	16	14	50	9			2	25	0	20	12	54	162
邢 台	17	16	32	5			0	0	1	4	17	84	86
承 德	8	3	13	0			2	4	3	5	8	86	75
邯 郸	15	4	10	0	7		4	24	7	0	0	0	0
唐 山	8	5	218	2			0	0	3	21	2	47	47
合 计	134	69	449	27	18	0	40	167	25	78	80	532	719

表4　2014年乡镇级畜产品质量安全监管机构建设情况

市别	乡镇数量	乡级				行政村数量	村级	
		已成立独立安全监管机构的乡镇数	由乡镇站负责的乡镇数	明确专人负责从事畜产品质量安全管理工作的乡镇数	未明确专人负责从事畜产品质量安全管理工作的乡镇数		明确专人为安全监管员的行政村数	未明确专人为安全监管员的行政村数
秦皇岛	67	22	42	3	0	1985	1437	548
张家口	209	0	209	0	0	4059	4059	0
保　定	298	0	298	0	0	5738	0	5738
沧　州	175	106	69	0	0	5752	5752	0
衡　水	117	15	102	0	0	4774	2326	2448
廊　坊	94	15	79	0	0	3200	781	2419
石家庄	192	66	126	0	0	3997	3262	562
邢　台	187	0	187	0	0	5174	5110	64
承　德	188	94	94	0	20	2512	0	2512
邯　郸	210	106	104	0	0	5340	5340	0
唐　山	193	69	124	0	0	4921	2653	1234
定　州	25	0	25	0	0	505	0	505
辛集市	15	0	15	0	0	344	344	0
合　计	1970	493	1474	3	20	48301	31064	16030

099

2. 检测机构建设现状

（1）省级检测机构

省级检测机构为省兽药监察所（饲料监察所），2002年挂牌省畜产品质量检验监测中心，2006年挂牌农业部畜产品质量安全监督检验测试中心（石家庄），目前四块牌子一套人马。人员编制37人，全额事业单位。仪器设备基本满足现有国家标准和行业标准规定的畜产品和投入品检验项目的需要。负责全省畜产品、兽药、饲料和饲料添加剂等产品质量检验与技术仲裁工作；承担国家和省下达的畜产品和兽药、饲料、饲料添加剂等产品的市场质量安全检测任务；承担无公害畜产品检测工作；委托承担食品安全定点检测工作。

（2）市级检测机构

2004年以来，全省11个设区市陆续建立了畜产品质量检验检测中心，落实了机构编制和人员，建立了独立的实验室，性质均为事业单位，除张家口为差额定补的31人外，其余均为全额拨款（见表5）。编制数178人（最少的为定州市5人、最多的为石家庄市32人），11个市级畜产品检测中心全部通过了计量认证，计量认证的品种最多的77个、最少的1个；通过认证的检测参数累计有1165项，唐山市通过计量认证的参数544个。2013年3月1日起省畜牧兽医局组织开展了全省畜产品质量安全检测机构考核工作。目前，石家庄、唐山、秦皇岛、承德、邢台、沧州、保定7个市先后通过了畜产品质量安全检测机构考核。

（3）县级检测机构

2008年以来，省财政投入资金建设了49个重点县级畜产品质检站，从而推动了全省县级畜产品质检站建设（见表6）。目前，全省134个县成立了畜产品检测机构，其中65个县由编办发文批准成立、69个县未经编办批准。机构性质不一，其中71个县为全额事业单位、3个县为差额事业单位、60个县为自收自支；人员编制454人。其中，昌黎、行唐、鹿泉、围场四个县级质检站通过了计量认证。

表5 2014年市级畜产品质量安全检测机构

市别	机构编制人员情况					全年列入财政预算的检测经费（万元）	检测样品数			通过计量认证情况		是否为独立的畜产品质检站（未与农业合并）	市级质检中心是否达到建设标准	组织培训次数	是否列入政府绩效考核范围
	机构编制批准文号	编制性质	编制数	现有人数	编外聘用人数		兽药	饲料	畜产品	检测产品具体种类	参数（个）				
秦皇岛	秦编[2011]34号	全额事业	25	28	3	115	0	111	1534	5	123	否	是	3	是
张家口	张编办字[2007]1号	差额定补	31	24	0	50	10	16	42	2	40	是	是	2	否
沧州	沧机编办字[2010]73号	全额事业	8	11	7	80	85	202	2156	77	123	是	是	2	是
衡水	衡市机编办[2007]248号	全额事业	6	6	0	0	0	0	1584	1	11	是	是	6	否
廊坊	廊编(1999)53号	事业	18	18	0	36	75	202	3100	10	105	是	是	1	否
石家庄	市编办[2003]42号	全额事业	32	25	0	370	79	1529	6121	兽药及动物性产品	261	独立	是	18	是
邢台	邢机编办字[2008]91号	全额财政	11	11	0	40	0	180	713	4	17	独立	是	2	是

续表

市别	机构编制人员情况					全年列入财政预算的检测经费（万元）	检测样品数			通过计量认证数情况		是否为独立的畜产品质检站（未与农业合并）	市级质检中心是否达到建设标准	组织培训次数	是否列入政府绩效考核范围
	机构编制批准文号	编制性质	编制数	现有人数	编外聘用人数		兽药	饲料	畜产品	检测产品具体种类	参数（个）				
保定	保编办字[2008]75号	全额事业	7	17	10	100	0	26	5907	3	36	是	是	5	是
承德	承市机编[2010]22号	全额事业	17	19		40	189	84	1701	2	19	是	是	6	是
唐山	唐机编字(2008)36号	事业	27	25	20	250	17	555	4857	9	544	是	是	4	否
邯郸	邯编办字[2007]32号	全额事业	10	9	2	10	0	0	600	猪牛羊鸡肉、尿样、鲜乳、鱼肉	30	是	是	2	是
定州	定编办2009[6]号	事业	5	3	0	20	10	0	936	0	0	是	否	2	否
辛集市	辛编[2009]3号	事业	12	8	0	20	12	38	650	0	0	是	是	12	是
合计			209	204	42	1131	477	2943	29901	—	—	—	—	65	—

表6 2014年县级畜产品质量安全检测机构

市别	县数	机构编制人员情况								全年列入财政预算的检测经费（万元）	检测样品数			通过计量认证的县数	县级畜产品质量检测站建设情况		组织培训次数	列入政府绩效考核范围的县数
		是否经编办批准		编制性质			人员组成情况											
		经编办批准的县数	未经编办批准的县数	全额事业	差额事业	其他	编制数	编外聘用人数	现有人数		兽药	饲料	畜产品		建成数	达到建设标准数		
秦皇岛	4	2	2	2	0	2	14	7	16	12	0	446	636	1 昌黎	2	1	7	0
张家口	13	3	10	13	0	0	67	70	3	71	0	43	1335	0	13	5	4	0
定州	21	12	9	10	1	10	72	0	58	269	0	870	146013	0	12	12	36	12
沧州	14	4	10	4	0	10	30	5	27	41	0	380	1248	0	4	4	3	2
衡水	10	0	10	0	0	10	0	0	0	0	0	0	0	0	2	1	4	0
廊坊	8	3	5	4	0	4	14	0	17	85	0	2951	16333	0	4	2	18	0
石家庄	16	14	2	10	1	5	102	0	74	214.5	0	1769	9042	2（行唐、鹿泉）	14	14	131	12
邢台	17	9	8	9	0	8	4	5	21	58	0	239	174607	0	10	9	0	0
承德	8	6	2	4	1	3	55	0	48	210	17	31	349214	1（围场）	5	4	17	4
邯郸	15	8	7	11	0	4	65	23	50	113	0	0	848	0	4	0	31	0
唐山	8	4	4	4	0	4	31	0	30	70	0	0	7934	0	7	6	20	0
合计	134	65	69	71	3	60	454	110	344	1143.5	17	6729	707210	4	77	58	271	30

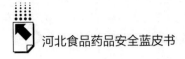

（二）行政许可情况

1. 饲料及饲料添加剂

河北省饲料行政许可工作于2009年纳入河北省网上审批系统，在河北省农业行政服务中心开设饲料窗口。制订了《饲料企业生产许可审核操作程序规范表》《饲料生产企业许可审核办理时限流程图》等规范性表单，并在审批大厅公示。整个许可程序由驻农业厅纪检监察组、省效能办予以监督。为了稳妥有序地推进换发证工作，河北省畜牧兽医局及时印发《关于全面贯彻落实饲料行业新规强化饲料管理工作的通知》，制订了《河北省饲料生产企业换发生产许可证告知书》，发放至每一家企业，明确了各级饲料管理部门职责，进一步规范了行政许可行为。截至2014年底，全省共审核发放饲料、饲料添加剂生产许可证825个，其中饲料添加剂生产许可证100个，添加剂预混料生产许可证198个，单一饲料生产许可证142个，配合饲料、浓缩饲料、精料补充料生产许可证385个。

2. 兽药

现有兽药行政许可事项3项：一是研制新兽药临床试验审批，实施依据为《兽药管理条例》《新兽药研制管理办法》，实施主体为省畜牧兽医局，2014年共办理1项；二是兽用生物制品经营许可证核发，实施依据为《兽药管理条例》《兽药经营质量管理规范》，实施主体为省畜牧兽医局，2014年共办理16项；三是兽药生产许可证核发，实施依据为《兽药管理条例》《兽药生产质量管理规范》，实施主体为省畜牧兽医局，2015年2月24日下放。

3. 种畜禽

按照全省统一安排，种畜禽行政许可事项进驻省、市、县级农业行政服务中心办理，审批事项按照《畜牧法》《行政许可法》《河北省种畜禽生产经营许可证审核发放管理办法》等法律法规的规定，在法定时间内完成审批事项申请、一次性告知，受理通知书的编写，申请材料的审查，申请许可的报批，许可证的制作及许可决定的颁发、送达等工作。截至2014年底，共受理省级种畜禽经营许可证的审批14项，市、县级种畜禽经营许可证的审批208项，畜禽遗传资源的审核23项。承办各类种畜禽资源进口：种畜3.8万头（只），奶牛3万头，种禽26万只；其他各类畜禽遗传资源：精液1.4万剂，胚胎3456枚，总价值9亿元人民币。依法按时承办的许可事项按时办结率100%。

4. 畜禽屠宰

根据国务院《生猪屠宰管理条例》和《河北省畜禽屠宰管理办法》规定，省级负责编制畜禽定点屠宰企业设置规划，确认畜禽定点屠宰企业是否符合全省畜禽定点屠宰企业设置规划，负责受理畜禽定点屠宰企业的备案；畜禽定点屠宰企业的定点屠宰资格由设区市人民政府审批。

（三）畜产品风险预警和监管情况

1. 风险预警监测工作

2014年，畜产品风险预警检测计划任务800批，实际完成检测任务839批，占全年任务的104.9%。上半年完成检测样品416批，涉及检测参数61个、15362个项次。下半年实际完成检测样品423批，涉及检测参数48个、8980个项次。

2. 监测计划落实情况

省级"瘦肉精"专项监测2014年计划任务2200批，实际完成2591批，占全年任务的117.8%。生鲜乳例行和交叉监测计划任务3300批，实际完成检测3330批，占全年任务的100.9%。全省共完成兽药检测1780批、饲料9421批、畜产品551588批。

3. 节假日应急监测工作

组织完成"元旦""春节""五一""十一"期间畜产品及畜牧投入品质量安全监测工作，涉及猪肉、牛肉、羊肉、鸡肉、猪尿、牛尿、羊尿、生鲜乳8类样品。元旦、春节期间共检测1140批。"五一"期间检测360批，中秋、国庆两节期间共计安排305批，实际完成检测318批。

4. 开展"瘦肉精"专项整治

针对养殖、运输、屠宰等环节监管重点不同，采取不同整治措施，提高了整治工作成效。截至2014年底，全省各级畜牧兽医系统共出动执法检查人员26.47万人次，举办"瘦肉精"各类培训班283期，培训各类人员1.56万人（次），抽检"瘦肉精"样品60.88万批次。

5. 推进无公害认证工作

2014年，全省举办了无公害畜产品产地认定产品认证培训班和无公害畜产品内检员培训班，开展了无公害标志使用专项检查活动；完成了301家无公害产地换证工作，新认定产地141家，有效期内的无公害产地达到1501家，有效期内的无公害产地达到314家。

6. 完善相关程序和制度

第一，明确了"鲜奶吧"、特种养殖毛皮动物胴体肉监管职责分工。明确了特种养殖毛皮动物养殖，畜牧部门负责毛皮动物的防疫检疫工作。在"鲜奶吧"监管职责划分上，畜牧部门主要负责生鲜乳收购和运输环节的监管。

第二，完善了违法案件及检查不合格样品上报机制。2014年，河北省畜牧兽医局印发了《关于下达2014年查处畜牧兽医类违法案件及检出不合格样品指标的通知》，要求各地按照17部涉牧法律法规内容，检出上报不低于188批不合格畜产品和不低于116起免疫抗体不合格数，同时明确了上报程序和上报时限。

第三，建立了黑名单制度。2014 年，河北省畜牧兽医局印发了《河北省涉牧企业和个人黑名单管理制度（试行）》，对种畜禽、饲料、兽药、生鲜乳和畜禽养殖、屠宰等相关单位建立"黑名单"制度，进入"黑名单"企业，将向社会公布，同时纳入重点监控对象。

三 河北省畜产品质量安全状况分析

（一）总体情况

1. 总体稳定，风险可控，监管形势依然严峻

当前，河北省畜产品质量安全形势总体平稳，逐步向好，风险可控，为保障畜产品有效供给、满足消费者需求、增加农民收入奠定了基础。但是，必须清醒地看到，河北省畜产品质量安全监管工作的基础依然比较薄弱，畜产品生产小、散、乱的状况没有得到根本转变，各种畜产品质量问题时有发生，影响畜产品质量安全的深层次矛盾尚未根本解决，畜产品质量安全监管的长效机制还有待完善。特别是随着经济的发展和人民生活水平的提高，老百姓对畜产品质量安全越来越重视，要求越来越高。

2. 个别领域和环节畜产品质量安全案件时有发生

从投诉举报和监督检查情况看，河北省畜产品在饲料兽药、畜禽养殖、屠宰加工、储藏运输等环节仍有个别案件发生，质量安全隐患依然存在。如生产销售假兽药、饲料违禁药物添加使用、私屠滥宰、给畜禽注水或注入其他物质等违法行为。

（二）畜产品质量安全影响因素

1. 饲料安全是畜产品质量安全的源头

饲料安全，通常是指饲料产品（包括饲料和饲料添加剂）在按

照规定用途进行使用时，不会对动物的健康造成实际危害，而且在畜产品、水产品中残留、蓄积和转移的有毒有害物质或因素在控制的范围内，不会通过动物消费饲料转移到食品中，危害人体健康或对人类的生存环境产生负面影响。饲料安全是影响畜产品质量安全的重要环节，是畜产品质量安全的源头。近几年来，由饲料安全问题引发的食品安全事件时有发生。例如，欧洲发生的"二噁英""疯牛病""除草醚""甲孕酮"等饲料污染事件；国内由于"瘦肉精""三聚氰胺"等的添加造成的多起中毒事件，饲料添加剂造成的环境污染事件，饲料保存不当造成的黄曲霉毒素超标等。目前，虽然对饲料案件的查处力度不断加大，但是饲料安全事件仍然存在一定隐患。

2. 畜禽养殖过程是畜产品质量安全的基础

畜禽养殖过程涉及的安全隐患包括：①环境污染。环境中的工业"三废"、化肥、农药等有毒物质通过水源或者饲料进入畜禽体内，引起畜禽中毒或者在体内蓄积。②兽药残留。兽用抗菌药、驱虫药等由于超量或长时间应用，以及在屠宰前未能按规定停药，都有可能导致兽药残留在畜产品中，一些药物具有致畸、致癌、致突变的"三致"作用，是威胁畜产品质量安全的极大隐患。③违禁药物。违禁药物的添加严重危害人体健康，例如甾体激素、β - 兴奋剂、甲状腺抑制剂等。

3. 畜禽养殖污染和病死畜禽的不当处理是质量安全的隐患

畜牧业是河北省农村经济的支柱产业，畜牧业发展正处于由传统畜牧业向现代畜牧业转型的关键时期，规模化畜禽养殖比例越来越高，畜禽养殖污染防治相对滞后，污染物排放日趋严重，不仅导致了严重的环境污染，还对畜禽健康养殖和人类生活造成重大威胁。养殖污染已成为制约河北省畜牧业可持续发展的瓶颈之一，加强畜禽养殖业污染防治刻不容缓。

近年来，动物疫情形势错综复杂，动物疫病病种多、病原复杂、流行范围广、防控难度大，给养殖业造成了严重威胁，也给无害化处理工作带来了严峻的挑战。目前，河北省除个别县建有专业无害化处理厂实施病死畜禽集中处理、大型规模养殖场建有化尸池和焚烧炉能自行处理外，大部分中小规模养殖场和散养户都不具备规范处理能力，存在很大安全隐患。

4. 屠宰加工是畜产品质量安全的重点

畜禽屠宰加工过程不规范，影响肉品质量和安全卫生，并且对人体造成危害。不规范加工主要有三个方面：一是肉品加工场所环境欠佳，设备不符合卫生要求，在加工过程中，空气、用具、设备上的细菌、病毒及寄生虫直接污染肉品，进而危及人的健康；二是屠宰方法不当影响肉品安全；三是私屠乱宰加工过程中注水、注入其他物质等情况的存在。

四 重大案件查办情况

（一）饲料兽药环节

1. 饲料

2014年，全省立案数110件，办结案件98件，涉案金额59.79万元，主要涉及无证生产饲料、无证经营饲料、生产企业未附具饲料标签和合格证、超范围生产饲料、生产的饲料与标签标示的内容不一致、经营的饲料无产品质量检验合格证等。

2. 兽药及药物残留

根据农业部查处假兽药的通知和兽药监督抽检通报，以及省兽药监察所抽检结果，对河北省涉嫌生产、经营假劣兽药的有关企业，及时组织有关市兽医部门进行了查处，共立案39件，结案38起，查处违法企业17家。此外，根据农业部的统一安排，广泛宣传《兽用处

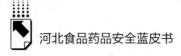
方药和非处方药管理办法》，在全省开展了兽用抗菌药专项整治行动、兽药产品标签说明书规范行动，省局分别于 4 月和 9 月进行了两次集中督导，针对存在问题向有关市县下达了书面整改通知书。全省共查办案件 127 件，货值金额 14.3 万元，吊销兽药经营许可证 4 个。

（二）养殖环节

2014 年，全省对 8 起违反畜牧法律法规的行为进行了处罚，确保河北省养殖业的规范发展。截至 2014 年 11 月，共接到政策咨询、投诉举报 5 起，都得到了妥善处理，并对此类事项做了相关回访，确保群众利益得到保护。

（三）屠宰环节

建立和完善了举报投诉制度，公开省、市、县三级监管部门的举报投诉方式，畅通举报投诉渠道，热心受理群众举报投诉，认真登记、妥善处理，做到事事有着落、件件有回音，投诉查处率为 100%。2014年省级共受理群众举报 18 起，对重点案件进行督查或暗访，河北省畜禽定点屠宰管理办公室共派出 13 组 39 人次，5 起已查实，12 起未查实，1 起正在调查处理中。组织开展了畜禽屠宰专项整治活动，严厉打击私屠滥宰、给畜禽注水或注入其他物质的违法行为。年内全省出动执法人员 65449 人次，检查定点屠宰企业 12793 家次，查封取缔私宰窝点 17 个，立案 362 件，责令整改 105 起，罚款 161.07 万元。

五 存在的问题

（一）质量安全形势依然严峻

全省多起饲料违法违纪生产案件主要涉及无证生产饲料、无证经营饲料、生产企业未附具饲料标签和合格证、超范围生产饲料、生产的饲料与标签标示的内容不一致、经营的饲料无产品质量检验合格证等。

兽药残留超标、违法添加违禁添加物，养殖、屠宰和市场环节"瘦肉精"阳性案件仍有发现。养殖污染与环境保护的矛盾日益严重，形势十分严峻。

定点屠宰企业布局和结构不尽合理，设施设备简陋，基础设施差，产能总量严重过剩，落后产能比重过大。牛羊定点屠宰由于涉及民族风俗习惯等问题，地方政府有畏难情绪，推进上力度不够，私屠滥宰现象仍然存在。

（二）相关法规有待完善

近年来，随着食品安全事件的发生，国家出台了《食品安全法》，河北省也出台了《生猪屠宰管理条例》《河北省畜禽屠宰管理办法》等法规文件。但法律的系统性与协调性不够，缺乏动物源性食品安全的专门性法律。质量标准总量小，覆盖范围小。目前在制定法律法规的过程中，各部门独立制定，缺乏广泛性、关联性、公开性和公众参与性，法律法规在制定过程中缺乏群众基础，结果一些法律法规在贯彻落实过程中，缺乏可操作性，难以落实。

（三）基层监管有待加强

县级监管机构不完善。有编办批文的监管机构比例仅占48.5%，即使编办批准了，也存在编制人员不到位或直接挂靠其他科室、经费无法保障的现象。县级畜产品检测机构检测水平有待提升。县级检测机构仪器设备存在"重购置、轻利用"的现象，很多县的工作人员连酶标仪都不会用，造成了设备的闲置和浪费，同时检测记录的规范性有待提高。

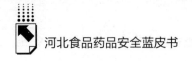

（四）信息共享机制有待建立

目前，还没有建立全省统一的畜产品质量安全管理信息系统，不能实现生产、加工、流通、监管等信息共享，导致透明度不高，社会公众监督和参与度有限，监管部门信息不畅，缺乏统一、准确、权威、及时的信息共享机制。

六 河北省畜产品质量安全发展对策

（一）总体目标

1. 满足需求，保障供给

从生产角度看，就是要做到满足人民生活的需要，做到需求有满足；从供给角度看，就是要做到保障库存充盈，市场流通顺畅，价格稳定，做到供给有保障。

2. 布局合理，结构优化

从产品生产布局角度看，就是要做到生产区域合理，有重点侧重，有主有次；从产品结构角度看，就是要做到肉、蛋、奶等主要畜产品结构优化。

3. 质量可靠，安全健康

质量是根本，首先要做到质量可靠；安全是保障，只有安全的产品才能有市场，才能保障人民身体健康。

4. 监管有力，风险可控

从监管角度看，就是要做到监管有力，风险可控，确保不发生重大质量安全事故，排除安全隐患，减少畜产品质量安全突发事件。

（二）总体思路

以提升畜产品质量安全监管水平为核心，确保不发生重大质量安全事件。

（三）对策措施

1. 创新监管机制，健全监管体系

（1）加强基层畜产品监管能力建设

完善县级监管体系，尚未建立畜产品安全监管机构的县（市、区），要以食品安全监管职能调整为契机，县级政府和编办要给予高度重视和大力支持，尽快健全畜产品质量安全监管机构，落实工作经费，配齐监管人员，切实提升监管能力；健全基层监管网络，依托基层动物卫生监督机构建立基层监管体系，明确专人从事畜产品质量安全监管工作，同时加挂畜产品质量安全监管站牌子。推行设立村级畜产品质量安全协管员，督促规模养殖企业和大型畜产品加工企业设立内部畜产品质量安全监管员，构建多层次的畜产品质量安全监管网络；强化执法队伍建设，整合资源，形成合力，扎实推进畜牧兽医综合执法。市级综合执法机构能独立设置的要独立设置，不能独立设置的要明确机构，赋予职能；单独设置畜牧兽医管理机构的县，要设置畜牧兽医综合执法大队。

（2）提高检测监测能力

省畜产品质量检验监测中心要强化学科带头人培养，积极引进高新技术装备，提高风险监测、预警分析、技术研究和仲裁能力，探索实施生鲜乳第三方检测工作；市质检中心要加强高素质检测技术人员引进与培养，增强确证检测能力；县级畜产品检测站在扩展速测与筛选检测项目的基础上，要兼顾常规违禁物质、兽药残留的定量检测，提高设备利用率和经费保障能力。

（3）提升畜产品及投入品检测能力

"瘦肉精"抽样以屠宰环节为重点；生鲜乳抽样重点抽查无公害企业、龙头企业和婴幼儿乳粉奶源基地，同时对奶站、运输车实施全覆盖。抽样方式继续由省局统一组成抽样组，省畜产品质量检验监测中心协助完成抽样，确保抽出的样品具有真实性和代表性。组织省级检测技术大比武，能力比对和"瘦肉精"、生鲜乳检测技术培训。定期组织相关专家对检测工作中存在的问题、风险预警等进行分析。

（4）突出专项整治工作

继续开展"瘦肉精"专项整治，认真贯彻落实养殖、出栏、收购贩运和屠宰环节"瘦肉精"各项监管制度，推动企业主体责任的落实。严格执行检疫与"瘦肉精"检测同步制度，规范"溯源单"的发放、使用和保存，完善相关记录。坚持不懈地开展兽药、饲料专项整治，加大兽药、饲料的整治力度，严厉打击生产经营假劣兽药、饲料，违法添加使用违禁药物、原料药和人用药物，滥用抗生素，不严格执行休药期等行为。

深入开展生鲜乳及生鲜乳运输车辆专项整治，以奶站和生鲜乳运输车为重点，严厉打击乱改运输车辆、一证多用套用、无证无交接单收购运输行为。要保持高压严打态势，严厉查处奶贩子收散奶、非法收购和倒卖不合格生鲜乳、违法违规添加、恶意争抢奶源等行为，严打非法收购运输"黑窝点"，切实维护奶源市场秩序。

继续开展屠宰环节专项整治活动，加强对定点屠宰企业的监管，试行痕迹化管理。加强对定点屠宰企业资格管理，凡未经批准和备案的定点屠宰企业，一律停止屠宰活动。严厉打击私屠滥宰等违法违规行为，对私屠滥宰企业坚决予以取缔，绝不手软。

（5）抓好无公害产地认定和产品认证工作

严格认证条件，各地要严格把关申报规模，达不到最低规模要求及其他标准的，一律不得申报。强化证后监管，按照属地管理原则，各地要制订并组织实施本辖区的年度监督检查工作计划，对获证单位产地环境、投入品使用、生产档案、证书标志使用等方面每年至少进行两次全面的现场检查。搞好宣传培训。举办省级无公害检查人员和企业内检员培训班，传达贯彻农业部无公害认证新政策；采取分级负责的方式，及时对辖区内无公害认证监管人员进行培训。

（6）建立诚信体系和产品召回制度

利用网络平台建立诚信体系，特别是对违规违法企业通过网络平台曝光，并将其劣迹纳入诚信体系，对不诚实守信誉的企业和法人记入不良行为，在工商登记、市场准入、行业审批、申报项目、荣誉评比等方面给予限制，提高违法违纪和不良行为成本。建立产品召回制度，这一制度将有利于增强企业自身产品质量安全责任意识，只要产品有问题，无论流通到什么环节，都将追究其责任，并责令召回。

2. 加强产业链质量安全管理

（1）严格把控饲料原料及添加剂质量安全关

饲料原料和添加剂是畜牧生产必不可少的原料，是控制畜产品质量安全的第一道关卡，当前使用的饲料添加剂种类很多，主要包括抗氧化剂、防腐剂、激素、抗生素等，它们在畜饲养过程中起着非常重要的作用，但若使用不规范或者超量添加会造成动物体内残留，因此需要严格规范饲料添加剂的使用和管理。

（2）加大畜禽养殖过程监管力度

畜禽养殖过程安全是保证畜产品质量安全的基础，也是监管的难点和重点，在畜禽养殖过程中进一步明确职责，严厉打击畜禽养殖过程中的违法案件，广泛宣传，营造畜产品质量安全的良好氛围，调动广大人民群众的积极性和主动性，鼓励举报养殖过程中存在违规违法等行为，只有充分发动基层群众的力量，才能从最基层拉起监管的"安全网"，从最基层建起养殖过程安全的"警报器"。

3. 严格规范落实执法管理

（1）强化相关法律法规的宣传，提高从业者质量安全法律意识，加强宣传引导和教育培训

充分利用媒体资源，开展畜产品质量安全知识宣传，增强消费者保护意识。编发专题信息，宣传全省畜产品质量集中整治经验，推动监督执法工作开展。组织开展畜产品质量安全管理和执法人员培训，提升基层监管和执法能力。省、市、县兽医部门分别对兽药生产企业、经营单位、动物诊疗机构、规模养殖场负责人和兽医人员进行法治和业务培训，增强其法律意识、责任意识，实现诚信规范生产经营。

（2）严惩违法犯罪行为

一是及时掌握辖区内案件动态信息。对通过检测、举报、媒体披露、督查等形式发现的各类违法案件信息及时进行梳理汇总，做到有案必查，有查必处，有处必报。一旦发现问题，及时追踪溯源，一查到底，着力解决监督查处跟进不力的问题。二是完善行政执法与刑事司法衔接机制。以"两高"《关于办理危害食品安全刑事案件适用法律若干问题的解释》为契机，加强同公安部门的联系，健全案件移交、督办和协调配合机制，以非法添加使用有毒有害物质和假劣饲料兽药案件为重点，集中查办一批案值较大、影响面广、情节恶劣的重大案件，严惩违法犯罪分子，发挥震慑作用。

参考文献

河北省统计局：《年度数据》，http：//www. hetj. gov. cn/。
北京市农业局：《以奥运为契机打造北京市农产品质量安全监管体系》，http：//www. bjny. gov. cn/nyj/231595/603501/232647/814109/index. html，2008 年 3 月 12 日。

2014年河北省水产品质量
安全状况分析及对策

张 杰*

摘　要： 本文概括了河北省水产业的产业概况、产业政策、区域布局和经济效益，从水产品质量安全监管、质量安全风险因素分析、存在的质量安全隐患和薄弱环节等方面分析评价了河北省水产品质量安全状况，找出了水产品质量安全监管方面存在的突出问题，从监管体系、能力建设、监管机制等方面提出了加强水产品质量安全监管的对策建议。

关键词： 水产品　质量安全　风险因素　监管

河北省是一个重要的沿海省份，渔业经济在农业经济和海洋经济发展中占有重要位置，特别是水产品作为粮食的重要补充，为保证国家粮食安全发挥了重要作用。长期以来，在省委、省政府和农业部等部门的重视与支持下，河北渔业得到了持续快速发展，"十二五"以来，河北省渔业综合生产能力不断提高，水产品总产量保持了年均5%的增速，2013年达到123.06万吨，在全国排第13位。河鲀、海湾扇贝、中国对虾养殖产量分别居全国第二、第三、第四位，海水育苗和罗非鱼制种水平居于全国前列。

---

* 张杰，河北省农业厅渔业安全处干部，主要从事食品质量监管工作和食品生物保鲜技术研究。

近年来，河北省农业厅紧紧围绕国家"两个努力确保"的目标，认真落实国家和省委、省政府对农产品质量安全管理的各项要求，通过检打联动、专项整治和推广健康养殖等行动措施，不断强化水产品质量安全监管工作，确保河北省水产品质量安全形势持续走好。

一 河北省渔业产业状况

（一）基本情况

全省水产养殖开发总面积306万亩（海水养殖192万亩，淡水养殖114万亩），有养殖企业9755家、渔业专业合作社144家、水产种苗场420个（其中国家级水产原良种场3个、省级水产原良种场26个）；有渔用饲料厂30多家、水产加工企业243家、较大规模的水产批发市场21处。

全省累计认定无公害水产品产地206处10.4万公顷，占全省水产养殖面积的49.4%；238个产品获无公害水产品认证，产量18.2万吨，占养殖总产量的25.6%。

（二）产业政策

自2006年以来，省政府先后印发了《河北省人民政府办公厅关于实施河北省渔业"四百工程"战略的实施意见》（办字〔2010〕140号）、《河北省人民政府关于促进海洋渔业可持续发展的实施意见》（冀政〔2013〕71号）。这些文件，进一步强化了渔业在大农业中的地位，细化了专项扶持措施。特别在冀政〔2013〕71号文件落实过程中，经过跑办对接，各级财政资金实现历史性增长，2014年争取到国家投资5163万元，省级财政补助资金增长近2倍，达到6239万元，为全省渔业持续健康发展提供了有力保障。

（三）产业格局

水产增养殖业按照特色化、规模化、标准化、现代化要求，不断加快区域布局调整，大力推广健康养殖模式，逐渐形成"三大产业带""八大基地"的特色渔业发展格局（沿海外向型水产养殖带、山坝区生态型水产养殖带、城市周边休闲型水产养殖带，对虾养殖基地、贝类养殖基地、梭子蟹养殖和盐碱地渔业开发基地、河豚等名贵鱼养殖基地、冷水鱼类和甲鱼养殖基地、大水面增养殖渔业基地、生物饵料养殖加工基地、休闲渔业基地）。渔业成为17个水产品万吨县的农村经济支柱产业，在64个千吨县农业经济中占据重要份额。休闲渔业发展迅速，形成了以海上游钓观光（唐山乐亭、秦皇岛、沧州渤海新区等地）、大中城市周边垂钓休闲（合计20多万亩）、观赏鱼养殖（衡水、廊坊等地）、渔业生态观光园（50多家）等为代表的多种发展模式，成为特色渔业发展中的新亮点。

（四）经济效益

水产品对改善膳食结构、提高人民生活质量具有不可替代的作用。2014年，河北省渔业总产量126.4万吨，蛋白质当量相当于45亿斤粮食，为城乡居民提供40%的动物蛋白。水产品出口创汇4.56亿美元，同比增加63.28%，超越江苏成为我国第八大沿海主要出口省份。渔业以不足大农业4%的产值（225.2亿元），赢取了占全省农产品出口近14%的份额。同时，水产品蛋白质与人体组织蛋白质的组成相似，易于为人体消化吸收，属优质蛋白；脂肪含量低，且多为不饱和脂肪酸，经常食用对人体健康十分有益。

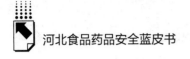
二 河北省水产品质量安全监管情况

截至 2014 年 10 月，本年度质量监管工作完成情况。一是产品抽样工作。共抽检水产样品 543 个，其中，水产苗种样品 40 个、基地成鱼样品 200 个、市场样品 150 个，捕捞产品 133 个、渔用投入品 20 个，总体合格率为 97.6%。二是无公害认证工作。共完成无公害水产品产地新认定 8 个，面积 0.38 万亩；完成无公害水产品新认证 18 个，认证产量 0.10 万吨。三是海水贝类生产区划型工作。共完成了两批次 94 个海水贝类样品的现场取样工作，经检测，有 25 个样品产自一类生产区，69 个样品产自二类生产区，第一、二批次抽样划型总面积为 2150 公顷，其中，653.43 公顷为一类生产区，占 30.4%，1496.57 公顷为二类生产区，占 69.6%。四是渔业品牌创建工作。年初制定了 2014 年河北省名牌水产品评价目录建议，确定了青虾、草鱼、鲤鱼等独具特色的评价品种，9 月共有 14 个水产品通过了省质监局组织的省名牌产品初审。

自 2010 年以来，河北省水产品质量安全形势持续走好，主要得益于以下几个方面。

（一）完善的质量安全体系

1. 监管体系方面

自 2002 年以来，河北省农业厅成立了农产品质量安全工作和农资打假工作领导小组，下设水产专业组，负责领导全省水产品质量安全监管工作。水产组由渔业安全处、养殖处、渔政处、水产技术推广站、水产品质量检测站等处室部门组成。

各设区市、县渔业主管部门也都效仿农业厅的做法，建立了渔政监督、水产技术推广、检验检测、水生动物防疫、环境监测等协调联动的质量安全监管工作机制。形成了省、市、县三级组织开展水产品质量安全监管工作的强大合力。

2. 执法体系方面

河北省各市、县渔业主管部门大多为农业局、农牧局、畜牧水产局或水务局，部分沿海渔业大县为水产机构单设。全省现有各级渔业行政执法机构134个（其中省级2个、市级14个、县级118个），共有执法人员929人。

各级渔业行政主管部门通过健全水产品质量安全管理体制，完善各项制度，推进诚信体系建设，强化执法，完善引导、服务、监管、处罚、应急五位一体的水产品质量安全监管长效机制，达到标本兼治的目的。

3. 质检体系方面

河北省已建成省级水产品质量检测中心1处、省级海洋渔业环境检测站1处、省级渔业环境病害防治中心1处、市级水生动物疫病防治站2处、县级水生动物疫病防治站30个，水产养殖病害测报工作已全面展开并不断向疫病流行趋势分析和预测、病因诊断、防治技术和措施指导等方面深化。技术支撑使水产品的质量监管工作不断得到改善。

（二）有效的质量监管运行机制

工作的有效展开，坚强的组织领导是关键。为使工作责任明确、落实有力，年初在领导小组的统一协调下，起草制定实施方案，对专项整治工作进行具体部署总结，工作中进行协调、联系，组织水产品药残抽检，追溯阳性产品，汇总上报检测结果。同时，建立了协商议事、信息报告、公文流转等工作制度。这种管理机制在水产品质量安全专项整治行动中起到了很大的推动作用。

（三）全面的质量监管措施

1. 水产苗种专项整治

加强水产苗种场普查登记，全面掌握全省水产苗种生产基本情况。

严把苗种生产许可关，符合生产许可条件的无证单位责令限期办理生产许可证，逾期未办理按非法生产处理；生产条件不达标的责令限期整改，整改不合格的责令停止生产。向天然水域增殖放流渔业资源的苗种必须经过检测合格，有禁药检测不良记录的水产苗种生产单位不得参与增殖放流。

2. 产地质量监督抽查

制定《产地水产品质量安全监督抽查工作规范》，完善水产苗种药残检测方法标准。以出口和省内市场大宗消费水产品为重点品种，以硝基呋喃类代谢物、孔雀石绿、氯霉素等禁用药物为重点检验项目，全面加强产地水产品及苗种质量安全监督抽查，不断规范苗种生产和水产养殖过程药物使用行为。

3. 水产品质量风险预警

建立水产品质量安全隐患排查制度，重点排查对虾、四大家鱼、罗非鱼、冷水鱼等省内主要消费品种以及甲鱼、海参、鲆鲽类等高档消费品种生产过程中存在的质量安全隐患。对排查情况及时分析研判，重要隐患及时预警，采取有力措施治理整顿。

三 水产品质量安全风险因素分析

根据近几年来监测情况，影响水产品质量安全的因素较多，为了有针对性地采取管理和治理措施，现分环节予以分析。

（一）苗种环节

有些生产单位在苗种繁殖时使用孔雀石绿等禁用药物来防止鱼卵水霉病的发生，以提高孵化率。

（二）饲料环节

1. 抗生素

在鱼饲料中添加抗生素是为了达到防病治病和促生长的目的，但过量使用会造成鱼自身损伤，并危及人体健康，在鱼饲料中可能添加的主要有磺胺类、氯霉素、喹乙醇、青霉素、四环素及及某些氨基糖甙类抗生素。

2. 重金属

环境中的汞、镉、砷、铬等有毒金属元素通过根系吸收进入饲用植物，然后被加工成饲料。

3. 致病微生物

许多人畜共患传染病是由于致病微生物污染了饲料中的动物性原料，使鱼类致病并传染到人类，这些致病的微生物主要包括饲料中的细菌、霉菌、病毒、弓形体等。

4. 非常规有害添加剂

饲料中可能添加的有防腐剂、防霉剂、激素和非蛋白氮（如三聚氰胺）等物质，其中，激素类物质进入人体后会造成人体生理功能紊乱、儿童早熟和性别逆转现象。

（三）渔药环节

常用的主要有孔雀石绿、抗生素（氯霉素、红霉素等）、合成抗菌药（磺胺类、硝基呋喃类、喹诺酮类、喹乙醇等）、性激素（己烯雌酚、甲基睾丸酮等）、杀虫剂等几大类。

（四）养殖环境环节

养殖环境包括池塘、大水面及水库。随着工业化、城镇化进程的加快，大量工业、生活污水无处理排放，造成水质污染问题愈来愈严重，污水中的主要有毒无机物（重金属、氰化物、氟化物等）、有毒有机物（二噁英、多氯联苯等）进入渔业水域后，使水体氮磷营养盐升高，下层水体缺氧，底泥中重金属、药物残留和有害微生物积蓄，对渔业生态环境和产品质量构成严重威胁。

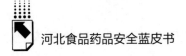

（五）流通运输环节

1. 违规使用禁用药物

在水产品运输和暂养过程中，密度高和多次装卸挤压，易造成鱼鳞脱落，感染水霉病或其他病害，为保证经济利益，鱼贩会使用孔雀石绿和硝基呋喃类药物进行消毒治疗。

2. 甲醛

甲醛水溶液（福尔马林）具有很强的杀菌、防腐、漂白作用，不法商贩在难以保鲜的水产品或水发品中添加甲醛已成潜规则，近年来网络屡有曝光。最近有年初曝光的山东济南等地用甲醛和工业火碱泡制的毒虾仁。甲醛可对人体脏器造成损害，甚至致癌。

3. 敌百虫、敌敌畏

敌百虫、敌敌畏有防腐、驱虫、增加口感的效果，因此在干咸水产品腌制或销售时，有喷洒或浸泡敌百虫、敌敌畏的情况。水产品中含量低的敌敌畏会对人体造成慢性危害，含量过高会引发急性食物中毒。

四　河北省水产品质量安全隐患及薄弱环节

（一）安全隐患

近年来，特别是《农产品质量安全法》颁布实施以来，全省渔业系统不断加大水产品质量安全工作力度，深入推进标准化养殖工程，严厉打击非法使用孔雀石绿等违禁药物行为，水产品质量安全总体水平得到大幅度提升。但是，监督抽检结果也反映出，非法使用违禁药物现象仍时有发生，水产品质量安全仍存在一些风险隐患。主要表现在以下方面。

1. 对渔药饲料等投入品的监管存在隐患

从近年来的工作实践看，水产品质量方面出现问题，大都出现在违禁药物和不合格饲料的使用上。根据《兽药管理条例》《河北省饲料和饲料添加剂质量安全管理办法》等法律法规的规定，渔业部门只能对养殖生产过程中使用违禁渔药、饲料等投入品进行监管，而对违禁渔药、饲料的生产销售环节的监管职能归畜牧兽医部门。由于畜牧兽医部门对兽药和畜禽饲料的监管任务繁重，往往无力或忽视了对渔药、渔用饲料的监管，致使河北省水产品质量安全存在较大隐患。

2. 水产品质量检测体系建设明显滞后

目前全省只有1家省级水产品质量检测站，而市级水产品质检机构多数与畜产品质检机构合署办公，没有经过水产品质检认证，县级水产品质检机构基本是空白。水产品质量检测体系相对于种植业、畜牧业产品检测体系建设严重滞后，使我们的监管工作失去了支点，也因此导致水产品质量安全成为农产品中最薄弱的环节。

3. 市场准入制度推进缓慢，农业、工商等部门联动机制不健全

到目前为止，只有石家庄市实施了水产品市场准入制度。由于未实施准入制度，不能严把质量关，不能实现优质优价，使养殖生产者、销售者存在侥幸心理，监管难度很大。再加上农业、工商部门协调联动机制不健全，导致对市场上违法销售水产品及销售商的处理不及时、不到位，造成隐患。

（二）薄弱环节

1. 基层监管力量有待加强

监管工作基础相对薄弱，越到基层力量越弱。特别是县一级水产部门，有的县几个人要承担养殖生产、技术推广、病害防治、质量监

督、渔业执法等多项工作，有的县未设渔业专门机构，甚至无专门人员，监管手段和执法装备欠缺的问题更加突出。

2. 水产品养殖生产高度分散

水产养殖业规模化、组织化程度低，"小而散的粗放式生产管理"现状尚未改观，国家级水产龙头企业尚无1家，省级龙头企业数量与产业规模不相适应，一家一户分散养殖规模占比仍在80%以上。对一线执法者而言，监管难度较大。

3. 储藏、运输环节底数不清

按照《国务院办公厅关于加强农产品质量安全监管工作的通知》规定，农业部门负责农产品从种植养殖环节到进入批发、零售市场或生产加工企业前的质量安全监管职责。但各级部门存在对水产品储藏、运输等环节底数不清、无处着手的问题。

五 水产品质量监管存在的问题

随着各级渔业部门对水产品质量监管力度不断加大，企业、养殖户守法意识不断加强，全省水产品质量安全水平总体较好，但许多方面仍存在不足，主要表现以下几个方面。

（一）水产品质量安全隐患复杂

从表象来看，不合格的渔业投入品流入生产环节成为影响产地水产品质量安全的主要因素，如个别大水面投放苗种未经检测、渔用饲料在生产过程中添加违禁药物等问题。从深层来看，分散落后的养殖生产方式成为产品质量安全问题多发的根本原因，一家一户分散生产方式仍是水产养殖的主要方式，"小而散"的粗放式生产管理现状尚未改观，渔业产业链条短、产品附加值低下等问题比较突出。

（二）科学生产意识淡薄

河北省渔业产业化水平、科技水平仍然较低。生产方式上还较多依赖于资源和环境消耗，科技含量不够高，标准化生产覆盖范围有限，发展方式仍较粗放，离现代渔业要求仍有较大差距；《农产品质量安全法》等法律法规的宣传还有死角，部分养殖企业（户）对一些制度规定还不够了解，养殖日志、用药记录、销售记录等制度落实还不到位。有些苗种场和养殖场手续不全，个别养殖场诚信意识不强，对使用禁用药物、限用药物存在侥幸心理等。

（三）各级监管经费紧张

多数无水产品质量安全监管专项经费和工作经费，这种现象越往基层越突出，严重影响了工作开展。从省级层面来看，虽然水产品质量抽检以项目形式列入了本级财政预算，但仅为常规检测，而预警监测、专项整治、应急处置和日常工作开展等经费尚无保障。同时，预算经费严重不足，实际抽检量为每万吨不足 5 个样。在市县级层面，多数市县在本级财政尚无专门立项，正常抽样检测难以开展。

（四）渔业执法力度不大

一方面是执法监督的广度和深度不够。目前，渔业执法监管主要是年度执法检查和专项检查，自查工作被看作应付差事，重点抽查工作专业人员缺乏、时间短、碍于情面等使执法检查只能发现一些表面的、共性的问题。另一方面是执法监督的效果无法体现。执法监督的主要目的是纠错和改正。但由于行政执法责任制和过错追究制还没有统一的要求和科学的操作办法，往往使执法工作流于形式，不能突出执法主体，使执法类似于生产监管。

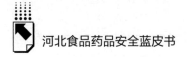

（五）监管工作增加新困难

根据国家新一轮行政体制改革和部门职责调整，渔业部门的质量安全监管职责延伸到了水产品储藏、运输等新的领域，各级主管部门存在无处着手和力不从心的问题，同时，随着行政体制改革的快速推进，法律滞后的现象日益突出，直接影响了水产品质量安全依法监管工作。

六 加强水产品质量安全监管的对策与建议

尽管河北省水产品质量安全监管成效在全国处于上游水平，但水产品质量安全形势依然严峻，受监管体制不顺畅、队伍力量薄弱、经费投入不足等深层次原因的制约，当前所取得的成绩只是阶段性的，特别是新增加了水产品贮运环节监管职能，工作难度进一步增大，任何一个风险隐患、突发事件都可能导致水产品质量安全问题的出现，因此，我们决不可掉以轻心，仍需在克服薄弱环节、创新方式方法、完善监管长效机制上下功夫。

下一步，我们要在推动监管体系、能力建设和监管机制方面，重点解决好以下六个问题。

（一）落实质量监管责任

1. 落实地方政府属地管理职责

河北省政府办公厅印发了《关于加强农产品质量安全监管工作的意见》（冀政办〔2014〕11号），提出将农产品质量安全纳入县、乡级政府绩效考核范围。按照"属地管理，地方政府负总责，企业是第一责任人，主管部门负监管职责"的总原则，将组织领导、机构建设、经费投入和工作目标完成情况等重要指标，列入县、乡政府年度绩效考核的范围，推动基层落实"属地监管"责任，加强力量配备和条件保障，推动监管工作深入开展。

2. 落实生产经营者第一责任

继续利用"放心农资下乡宣传周""农产品质量安全宣传主题日"等活动平台，加大农产品质量安全宣传力度，增强农产品生产经营者诚信守法和质量安全意识，特别是要提高生产经营者履行质量安全主体责任的意识和能力。

（二）明确质量监管重点

1. 开展苗种专项整治

进一步整顿规范水产苗种生产秩序，提高准入门槛，严格实施苗种生产许可，严肃查处无证生产行为。建立健全水产苗种生产单位数据库，逐步淘汰规模小、条件差、管理薄弱的苗种生产单位。加大水产苗种质量安全抽检力度，增加样品数量和频次。加强苗种繁殖培育季节监督检查，发现违法违规问题及时纠正。

2. 加强产地水产品抽检

进一步完善《产地水产品质量安全监督抽查暂行规定》，提高监督抽查规范性、科学性。加大出口品种和国内市场大宗消费品种抽检力度，加强抽检的分析会商，及时公布抽检结果，强化企业自律和市场约束。严肃查处违法使用硝基呋喃类、孔雀石绿等禁用药物的行为，确保水产品质量安全。

3. 深入推进"无公害食品行动计划"

将无公害产品认证工作与抽样检测、市场准入制度结合起来，认真解决认证检验成本高以及市场优质不优价等问题，推进产品认证工作开展。

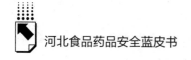

（三）完善质量监管体系

1. 健全水产品质量安全检测体系

建设省、市、县（区）三级组成的检验检测体系，加强基地、企业的检测能力，形成以省级质检中心为龙头，市级质检中心为骨干，县级质检站为基础，基地、企业速测为基点的覆盖全省的检验检测体系。检测能力能够满足从水产品产地到批发市场前各环节管理的要求，省级质检中心检测能力和水平达到国内先进水平。加强技术培训与交流，不断提高检测人员的业务素质和检测水平。

2. 完善水产品质量安全认证体系

加强认证前服务和认证后监管工作，提高认证工作中的诚信度，进一步拓展认证工作范围，形成以无公害水产品认证为主体，绿色、有机产品认证为补充的认证体系，提高水产品的认证率，使认证水产品在市场上的占有率达到50％以上。

3. 探索建立水产品质量安全追溯体系

进一步完善水产品生产档案登记制度，建立水产品编码和产品标签管理体系，加强追溯体系的信息化建设，实现从池塘到市场前全程信息可追溯。

4. 健全水产品质量安全预警和应急体系

加大经费投入力度，建立省、市、县三级水产品质量安全预警和应急管理体系，形成监测、预测、预警、应急一体化的快速反应系统。健全水产品安全监测网络，强化对基地中水产品的日常监管；建立风险评估系统，摸清水产品主要污染物的污染水平及动态变化趋势；健全水产品安全信息数据库、信息分析及发布系统，及时做出预警；健全重大安全事故报告及督查处置制度。

（四）强化质量检测能力

1. 完善水产品质量安全标准制定

对现有标准进行清理修订、整合，制定新标准，填补空白，提高与国际标准接轨的程度；制定与《农产品质量安全法》等国家法律相配套的技术法规和技术标准，形成包括水产品质量、生产技术操作规程、投入品使用、产地环境要求、产品标签和包装、检验测试等内容的系列标准，使全省主要水产品标准覆盖率达到95％以上。

2. 提高水产品检测水平

一要加快研究出水产品中病原体、农药、兽药、化学污染物等有害物质的快速、高效检测技术和方法；二要建立一些当前迫切需要控制的食源性危害的检测技术，并在技术上达到国际水平；三要加强与兄弟省市水产品质量检测中心增进检测技术交流，互通上级主管部门部署的水产品质量安全抽样检测情况，共同促进水产品质量安全水平的提高。

3. 大力推广药残快速检测技术

推广药残快速检测技术是提高全省水产品质量监管手段的重要举措，将为推动河北省水产品质量安全生产和市场准入工作以及水产品质量安全监管工作发挥积极的作用。

（五）加强水产品质量安全执法能力建设

进一步明确渔政监督、技术推广、检验检测、水生动物防疫、环境监测等单位在养殖执法专项行动中的职责分工，逐步建立渔业行政主管部门统一领导下的，以渔政机构为主，技术推广、检验检测、水生动物防疫、环境监测等机构协作配合的水产养殖业执法工作机制。

加强对渔业执法人员培训，提升渔业执法队伍素质，推动严格执法、文明执法、公正执法。加强水产养殖人员培训教育，通过发放宣传材料、举办培训班等形式，推广科学健康的水产养殖技术，普及质量安全法律法规知识，宣传持证生产、依法用药等规定和要求，提高水产养殖人员守法意识。

（六）推进质量监管规范化

1. 加强养殖生产的全程监管

将各类养殖场、育苗场全部纳入监管范围，督导落实养殖证、苗种生产许可证制度；检查养殖场、苗种场质量安全管理制度和养殖技术规范制定情况；是否规范建立养殖生产记录、用药记录、销售记录及渔药、饲料进货出库台账；监督企业开展水产品质量自检，对出池销售的水产品做到批批检测，并且保留原始检验报告。认真落实投入品使用安全规定，严查使用孔雀石绿、氯霉素、硝基呋喃类等违禁药物行为。

2. 扎实开展水产品质量安全专项整治活动

对全省水产苗种场和养殖基地进行拉网式专项检查。重点检查内容是：苗种场是否持有苗种生产许可证，养殖场是否持有养殖证；养殖生产记录、用药记录、销售记录是否真实完整；渔药、饲料等投入品使用是否规范。严厉打击育苗和养殖过程中违法使用孔雀石绿等禁用药物行为。

建立健全水产品质量安全监管工作机制是一项复杂的系统工程，需要立足全厅、全系统，通盘考虑，着眼水产品质量安全全程监管，用改革创新的办法，合理布局各种力量配置，切实健全监管体系和网络，建立健全各项制度和运行机制，提升农产品质量安全管理水平。同时，通过监管示范县试点建设，探索经验，创新监管模式，力争用3 年左右的时间，切实解决好全省监管体系、能力建设、工作机制等问题，推动全省水产品质量安全工作再上一个新的台阶。

B.7

河北省果品质量安全状况分析
及对策研究

韩振庭　曹彦卫*

摘　要： 2014年，河北省加大果品结构调整力度，建立健全检验检测、服务保障和产品认证等质量保证体系，加强安全生产环节监管，全省果品质量安全工作稳步推进。本文对河北省主产和省内市场主销的27类果品的质量安全监测情况分品种、分监测指标进行分析，并从果品生产方式、生产主体、监管机制等方面进行原因分析，针对当前存在的问题，提出了今后工作的总体思路、总体目标和主要任务。

关键词： 果品　质量安全　监测

河北省是国际公认的落叶果树最佳适生区，大力发展果品生产，对优化产业结构、增加农民收入、壮大区域经济、改善生态环境具有十分重要的意义。河北抢抓京津冀协同发展这一重大战略机遇，围绕打造环京津多功能特色果品基地，调整果品结构，建立健全检验检测、服务保障和产品认证等质量保证体系，加强安全生产环节监管，全省果品质量安全工作稳步推进。

---

* 韩振庭，河北省林业厅果树蚕桑与林业产业管理处处长，主要从事果品生产经营监管；曹彦卫，河北省林业厅林果桑花质量监督检验管理中心高级工程师，主要研究果品质量安全与检测。

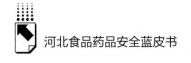

一　河北省果品产业状况概述

河北果品生产历史悠久，有着 3000 多年的栽培利用历史，是梨、枣、核桃、板栗等许多树种的起源中心，果品生产有着得天独厚的自然条件和区位优势。河北果树资源丰富，现有树种 103 个，品种 1000 多个，主要栽培树种有苹果、梨、红枣、板栗等十多种，主要产品有河北鸭梨、富士苹果、京东板栗、太行山大枣、金丝小枣、黄骅冬枣等一大批深受国内外消费者欢迎的名特优果品，久负盛誉，驰名中外。

近年来，河北省委、省政府高度重视果品产业发展，将果品业确定为全省农业三大优势特色产业之一，出台了《河北省果品强省建设规划》《河北省人民政府关于加快建设果品产业强省的意见》《河北省人民政府办公厅关于加快木本油料产业发展的意见》等一系列文件扶持果品产业发展。果品主产区各级地方党委、政府也采取一系列有力措施，加快推动果品业的发展。在各级党委、政府的正确领导和大力支持下，河北果品业按照建设现代果业的总体要求，大力转变增长方式，加快结构调整和提质增效步伐，积极实施龙头带动战略，拓宽了国内外市场，实现了果品业又好又快的发展，取得明显成效。

（一）产业现状与优势

河北是我国最主要的果品生产基地之一，截至 2014 年底，河北省果树面积 2737 万亩，产量 1467 万吨，均居全国前列。果品产业是集生态效益、经济效益和社会效益于一体的可持续发展产业，河北省果树总面积占林地面积的 34%，在加快国土绿化、改善生态环境中发挥着至关重要的作用。河北是果品出口大省，年果品出口总值增速一直在 10% 以上，2014 年出口果品约 3 亿公斤，出口额约 3 亿美元，其中梨出口量占全国的 40%，占欧美高端市场的 85%，居全国第一位；板栗出口量占全国 80% 以上，居全国第一位，果品已成为河北省农产品出口的优势主导产品。全省有 90% 的县（市、区）、30% 的农村、25% 的农民从事果品生产经营，果品业总产值近 700 亿元。沧县、赵县等 35 个主产县果品业产值占农业总产值的 30% 以上，初步形成了辛集、赵县、晋州的梨果产业，沧县、献县、阜平、赞皇的红枣产业，平山、涉县、临城的核桃产业，怀来、昌黎的葡萄酒加工业等一批规模大、效益高、品牌亮的特色果品产业集群。果品产业已经成为区域经济发展的重要产业、贫困地区农民增收致富和建设小康社会的支柱产业。

河北果品业发展具备"五大优势"。

第一，地理区位优势。河北地处北纬 38 度附近，属温带半湿润半干旱大陆性季风气候，是国际上公认的落叶果树最佳适生区。同时，河北环绕京津，交通便利，区位优势明显，高档果品消费、观光采摘、休闲度假消费市场潜力巨大，在京津两大市场的果品占有率达到 40% 以上。

第二，资源规模优势。河北共有果树树种 103 个，品种 1100 多个，赵县、沧县等国家级"中国名特优经济林之乡"45 个，居全国之首。梨、京东板栗、杏扁产量均居全国第一位，红枣、苹果、葡萄、核桃、桃、柿子等主要果品产量均居全国前列。

第三，科技人才优势。全省有从事果品教学和研究的省属大专院校、专业研究机构 7 个，有果树专业的中高等职业技术学校（院）15 个、国家级专业研发中心 4 个，具有高级职称以上的专家 630 多人。科技人才力量居全国前列。林业系统建有林业推广机构 1600 多个，从业人员达 5600 多人，形成了较为完善的科技服务队伍。

第四，产业品牌优势。全省共有果品类企业 2600 多家，其中国家级龙头企业 8 家、省级龙头企业 105 家，通过国家出口卫生注册或登记的 200 多家。有果品类协会和合作组织 3000 多家，拥有国家级和省级名牌产品 126 个，绿色、有机果品 213 种，地理标志认证产品 23 个，果品产业基础实力位居全国前列。

第五，林业行业管理优势。1958 年以来，河北省林业系统自上而下已形成了完整的生产管理体系。尤其近年来，河北省林业厅按照"增林扩绿，林果并重"的林业发展总体思路，整合国家退耕还林、太行山绿化等重点林业生态工程项目资金支持，加快了全省果品业的发展。

（二）存在问题与差距

河北果品业大而不强，与先进省份相比还存在明显不足。产品结构不合理，大路果品数量相对过剩，优质果品数量相对不足，优质果买难和大路果、低质果卖难现象同时存在；对区域经济支撑作用和农民增收促进作用还有待提高，果品业发展所具有的区位优势、资源优势、产业优势还远没有发挥出来，与发展现代果品业的要求仍有较大差距，具体表现在"四个不适应"。

1. 传统生产方式与现代果品产业发展不适应

一是组织化程度低，果品生产主要以一家一户分散经营为主，人均果园 1.7 亩，果农合作组织发展缓慢，规模化、集约化程度较低。二是果农科技文化素质低，大部分果农为初中以下文化程度，而且没有经过专业技术培训。

2. 科技支撑能力与现代果品产业发展不适应

一是科技人才资源整合力度不够，科技资源分布于不同的部门与行业，自主创新能力不强，科技人才优势没有得到有效发挥。二是科技成果转化率低、产学研相脱节，新品种研发、质量安全、精深加工、冷链储运等关键技术没有得到充分的转化和应用。三是基层推广机制不健全，经费不足，对果农技术服务不到位。

3. 产业化经营程度与现代果品产业发展不适应

一是果品龙头企业规模小、带动力不强，缺少大型外向型龙头企业。企业与农户之间利益联结不紧密，带动果农人数不足 20%。二是采后商品化处理、冷链储运能力不足。全省果品采后商品化处理不到总产量的 10%；果品储藏能力占总产量的 1/3，其中气调储藏仅占总储量的 1/10。三是加工比重低，附加值低。全省果品加工率为 18%，产品以初级加工品为主，精深加工产品仅占 10%，加工附加值为 0.6:1。

4. 政策扶持力度与现代果品产业发展不适应

一是专门扶持政策少、力度不够。二是相关扶持政策分散、形不成合力。目前，国家和河北的多项强农惠农政策，如农机补贴、金融保险等向果品产业延伸、倾斜不够。三是省级财政专项资金对果品业投入少，与先进省份相比差距较大。

（三）发展思路与重点

河北果品业发展的总体思路是：以提质增效为核心，以富民增收为目标，以科技创新为动力，以扩基地、强龙头、创品牌、保安全为重点，坚持举生态旗、打特色牌、走产业化之路，加快建设一批特色优势产业群和产业带。

1. 建设优势基地

突出抓好"四化"：一是区域化布局。立足区域资源禀赋，综合考虑产业基础、市场需求、气候条件等因素，加快建设苹果、梨、核桃、红枣、板栗、葡萄、观光采摘等七大优势果品基地。在太行山、燕山地区重点发展高档苹果、薄皮核桃和优质板栗；在桑洋河谷、冀东滨海地区重点发展优质葡萄；在冀中平原、黑龙港流域重点发展梨、红枣；在大中城市周边重点发展桃、樱桃等时令果品。二是良种化栽培。根据市场需求，加大高接换优、更新改造力度，扩大优种苹果、薄皮核桃、无核葡萄等特色优势果品规模，调整供给结构，提高高档果品比重。三是标准化生产。完善果品质量标准体系，落实生产技术规程，严格规范生产行为，加快建设一批标准化生产示范区。四是专业化营销。加快建设专业合作社和行业协会，提高果农组织化程度，抵御市场风险，制定营销策略，拓宽销售渠道。大力发展冷链物流配送、连锁经营、电子商务等新型产业形态，积极推进"农超对接"和"订单生产"，提高市场占有率，发展外向型出口生产基地，开拓国际市场。

2. 壮大龙头企业

在"强、引、育"上下功夫。一是狠抓项目强龙头。按照"谋划一批、储备一批、开工一批、投产一批"的总体要求，重点抓好三大类项目建设。技术更新改造项目，对现有龙头企业深入调研分析，找到瓶颈所在，制定技改路线，谋划实施技术改造，提高装备水平和产品质量。延伸产业链条项目，支持龙头企业增强创新能力，谋划建设一批精深加工项目，大力开发高端、终端产品，提高附加值和竞争力。抢占市场份额项目，分析居民消费结构升级的趋势，瞄准市场需求，新上一批大项目、好项目，扶持企业，抢占先机。二是战略合作引龙头。紧紧抓住京津冀协同发展的有利时机，主动寻找战略合作伙伴。发挥资源、市场、品牌等优势，采取专业招商、小团队招商、园区招商、产业链招商等多种方式，增强吸引力，提高成功率。按照合作协议落实建设条件，讲信誉、守承诺，促使项目早开工、早投产、早见效，确保客商留得住、做得大、发展快。三是强化管理育龙头。围绕促进人财物合理配置、产供销有效衔接，推进企业建立规范化管理制度，以科学的管理提质增效。选择一批规模大、效益好、实力强的龙头企业，加大扶持力度，推进资源整合，争取早日上市。

3. 打造知名品牌

一是抓创建。引导扶持果品专业合作组织增强品牌意识，加大无公害、绿色、有机和地理标志"三品一标"的创建力度，支持鼓励各地争创名牌产品、驰名商标、著名商标。推进品牌整合，鼓励区域特色果品统一品牌、统一标识，扩大品牌影响力，提升市场占有率，增强综合竞争力。二是抓质量。严格执行质量标准，鼓励采用国际和国家标准，规范生产工艺流程、产品质量档次。加强省、市、县三级质检中心（站）建设，加大质量检测力度，落实全程监管和质量追溯。三是抓宣传。发挥网络、电视、广播等各类媒体作用，广泛宣传富岗苹果、绿岭核桃、沧州金丝小枣、京东板栗等河北知名果品，鼓励企业参加国内外展览展示、产品推介、贸易洽谈等活动，通过多种平台和渠道，提升河北果品知名度和影响力，推动河北果品覆盖全国，走向世界。

4. 突出科技支撑

一是注重技术创新。以制约果品产业发展的关键技术为突破口，开展良种培育、丰产栽培、精深加工、质量安全、病虫防控等领域攻关，促进产业结构调整和优化升级。二是注重科技示范。以十大果品生产示范县和十大果品龙头企业建设为抓手，积极引进新品种、新技术、新工艺，带动果品生产向集约化、高效化方向发展。构建布局合理、类型多样、特色鲜明的科技示范网络，力求实施一个项目，建设一个基地，培育一个产业，带动一方致富。三是注重技术推广。深化基层林果技术推广体系改革，完善以政府公益性推广机构为主导的林果科技社会化服务体系，促进科技创新与果品产业发展紧密结合，科技推广与富民强企同步推进，创新链、研发链和产业链连贯对接，实现果品产业由数量规模型向质量效益型转变。

二　果品安全监管情况

2014 年，河北省林业厅按照《河北省 2014 年食品安全重点工作安排》要求，大力加强果品生产基地建设，积极开展果品质量安全生产环节的监管，实施标准化无公害生产，全省果品质量安全工作稳步推进，全年没有发生果品质量安全事件。

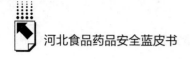

（一）工作开展情况

1. 固根本，推进标准化无公害生产

一是高标准建基地。以"十大果品特色县"为重点，加快建设苹果、梨、核桃、红枣、板栗、葡萄、观光采摘等七大优势果品基地，全年新增高标准果品生产基地 228 万亩，优势果品进一步向优势产区集中。二是调结构提质量。加强了对现有树种的结构调整，通过高接换头等方式，搞好早、中、晚熟品种的搭配，调整优化了树种、品种结构，全省完成果树结构调整和树体改造 220 万亩。三是实施三项关键技术。大力推广树体改造和树形改良技术，积极推广网架式、棚架式等新型栽培模式，减少病虫害发生；大力推广科学施肥技术，积极推广生草栽培，平衡施肥，提高土壤有机质含量；大力推广安全间隔期用药技术，引导果农科学用药、合理用药，提高果品质量安全水平。

2. 把源头，确保果品质量安全

一是开展果园用药日常巡查。全省林业系统以县（市、区）为单位，对果园用药情况开展经常性的监督检查，确保果园用药安全。二是加强无公害果品产地监管。通过认定的基地违法违规使用禁限用农药，一经发现立即吊销无公害产地认定证书并向全社会通报，列入黑名单，二年内不得重新申请认定；未进行无公害产地认定的果品基地违法违规使用禁限用农药，一经发现在全社会通报，列入黑名单，三年内不得申请认定。三是制定方案，发布通知，确保果品质量安全。为重点做好全省暑期食品安全保障工作，河北省林业厅制定了《全省果品质量安全暑期专项督查工作方案》，并向市级林业部门发布通知，安排部署相关工作，明确责任，确保暑期果品质量安全。

3. 保安全，扎实开展果品质量监测

一是制定监测方案。依据全省果品生产和销售情况，制定了《2014 年全省果品质量安全例行监测方案》，确定了监测重点品种、

重点区域和重点时段。为确保合理抽样，督促各市提前谋划部署该项工作，河北省林业厅专门下发通知，对 2014 年果品质量安全例行监测进行部署安排。二是科学公正抽检。制定并严格执行《河北省果品质量安全例行监测抽样规范》，启用了《果品质量安全例行监测抽样通知书》，规范抽样环节。实验室样品制备和检验检测严格按标准要求进行。三是及时编发信息。及时编发果品质量监测信息，报省政府有关领导、省政府食安委成员单位，发各设区市、果品重点县（市、区）人民政府。全年完成抽检 2036 个批次，编发信息 17 期，超额完成年度任务。

4. 重长效，健全果品检测体系建设

一是结合《河北省人民政府关于加快建设果品产业强省的意见》要求，加强全省检验检测体系建设，科学规划、合理布局，组建专业检测机构，充实人员队伍，购置仪器设备，构建以省为主体、市为骨干、重点县为基础，三级协调联动、相互配合的果品质量安全检验检测体系。二是努力提高检测人员水平。紧密围绕业务工作实际，走出去和请进来相结合，积极参加实验室认可和资质认定内审员培训、林果质量检验检测技术培训，搞好传、帮、带，进一步提升了业务技术水平。

（二）存在问题

一是监管体系有待完善、监管队伍有待壮大。在日益严峻的果品质量安全形势下，现有的机构和人员已远远不能适应质量安全监管工作的需要，各级林业部门均面临着任务越来越重、队伍越来越缺的局面。二是果品检测体系有待于进一步加强。全省林业系统的果品检测机构建设起步晚，发展缓慢，现有的检测能力已远不能满足全省果品质量监管的需求。三是果品质量安全监管经费严重不足。与目前果品质量安全监管任务相比，经费投入不足已严重滞后于监管任务发展的需要。

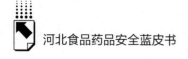

（三）下一步重点工作

1. 加强果品生产监管

一是继续深入开展果园用药巡查。按照无公害标准化生产的要求，严格控制果品采收和上市前的用药行为，严厉查处使用禁用农药行为，指导果农合理用药、科学用药。二是在果品生产环节，大力推广黏虫胶、诱蛾灯等物理防治措施和生物农药、低毒、低残留农药，增施有机肥等管理措施，从源头上提高果品质量。

2. 健全监督检测体系

一是加强监管队伍和机构建设。强化管理职能，充实监管人员，做到有机构、有人员、有经费，切实承担起果品质量安全监管的职责。二是完善检测体系建设。进一步督促市、县两级林果质量监督检验机构加强队伍建设，增加人员编制，配置仪器设备，改善实验室基础环境条件，逐步形成较完善的全省果品质量安全检测体系。

3. 加大宣传培训力度

一是紧紧扭住提升果农素质这一核心，邀请大专院校和科研单位的专家教授组建技术服务团队，加强对果农的培训，普及实用技术。二是采取多种形式，大力宣传《农产品质量安全法》《食品安全法》等法律法规，提高法制意识、质量意识、诚信意识、责任意识和安全意识，在全社会形成人人关注果品质量安全、人人参与果品质量安全的良好氛围。

三 果品安全监测情况及分析

（一）河北省果品质量安全例行监测情况概述

河北省果品质量安全例行监测工作自 2005 年开始，由河北省林业厅统一组织，河北省林果桑花质量监督检验管理中心具体负责，各设区市、县（市、区）林业有关部门配合监测实施。监测批次由2005年的650批次逐年增加到2014年的2036批次。监测范围涵盖全省11个设区市及定州市、辛集市的果品生产基地、大型批发市场、农贸市场和超市。监测品种以苹果、梨、葡萄、桃、枣等河北大宗栽培树种为主，兼顾香蕉、橘子、菠萝等市场主销外来果品。监测时间为全年，重点为大宗果品成熟采收期和元旦、春节、中秋、国庆等重点时段。监测项目为甲胺磷、对硫磷、甲基对硫磷、久效磷、磷胺、氧乐果、乐果、甲拌磷、喹硫磷、马拉硫磷、敌敌畏、毒死蜱、乙酰甲胺磷、杀扑磷、杀螟硫磷、六六六、滴滴涕、百菌清、三唑酮、甲氰菊酯、联苯菊酯、氟氯氰菊酯、氯氟氰菊酯、氯菊酯、氯氰菊酯、氰戊菊酯、溴氰菊酯等27种农药。

监测抽样地点（基地/市场）根据实际情况随机选定。监测样品充分代表被抽检基地/市场果品质量状况，不以果树单株果品或单个果实作为抽检样品。抽样过程中准确获取抽样基地/市场、样品等相关信息并经被抽检单位或当地林业部门签字确认。检测项目全部合格的判断为该产品所检项目合格，有一项及以上检测项目不合格即判定为该产品不合格。拒检的产品直接判定为不合格。监测结果及时以果品质量检测信息的形式，报省政府有关领导和省食品安全委员会成员单位，为领导决策提供依据并发各设区市和果品生产重点县人民政府，为各地加强和改进果品质量安全工作提供技术支撑。

加强果品质量安全例行监测工作，将进一步促进全省果品质量安全的稳步提高，推进无公害标准化生产，提高河北省果品参与国内、国际市场竞争和出口创汇能力，大幅度提高果农收入、促进区域经济发展，是贯彻落实党的十八大精神的重要内容，也是保障河北省果品质量安全的重要手段和措施，具有重要的政治意义和现实意义。

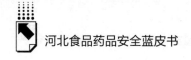

（二）工作保障措施

1. 明确责任分工

为做好果品质量安全例行监测工作，河北省林业厅明确由质检中心统筹负责，相关处室密切配合，全力做好监测抽查工作。质检中心成立果品质量监测工作小组，单位领导任组长，抽样、检测、后勤保障等工作落实到人，明确责任分工。

2. 认真制定方案

质检中心严格按照任务要求，多次与各市、县林业部门沟通交流，了解相关市、县各监测品种的重点产区分布、生产、采收等有关情况。在充分调研的基础上，起草制定了《2014 年全省果品质量安全例行监测方案》，从监测范围、批次分布、监测时间、抽样方法、检测标准、结果判定等各个环节逐项细化，并对全员进行培训和考核。确定抽查工作历，将抽查任务分解到人、落实到天，确保监测工作规范、有序。

3. 精心组织外业抽样

一是加强培训。从技术要求、工作规范、形象行为等多个方面，对全体抽样人员进行外业抽样工作培训和模拟演练，经考核合格后参与监测抽样工作。二是规范操作。样品抽取、信息登录、样品封存、样品交接等各个环节规范、高效操作，样品在最短时间内被送回实验室。

4. 严格按照标准检测

样品送回实验室后，及时按照标准要求粉碎、制备、冷冻、封存。样品处理净化、上机检测、数据分析等严格按照规定标准要求执行。检测过程中加强了空白实验、双样平行、添加回收等必要的质量控制措施。根据有关规定，对初检不合格样品及可疑结果，提取备份样品进行复验确认，以确保检验工作质量。

5. 及时汇总抽查结果

严格遵守监测工作进度安排，分阶段、分批次及时汇总分析检测数据和监测结果。编制监测信息，按要求发放相关单位。

（三）2014年监测结果分析及发现的主要问题

1. 2014年监测结果分析

按照《河北省林业厅关于做好2014年全省果品质量安全例行监测工作的通知》安排，河北省林果桑花质量监督检验管理中心对全省11个设区市和定州市、辛集市的果品生产基地、批发市场、农贸市场和超市进行了抽样监测。

（1）总体情况

2014年，共完成果品监测2036批次，合格果品2028批次，合格率99.61%。其中，市场（包括超市、农贸市场、批发市场）抽检597批次，合格果品596批次，合格率99.83%；生产基地抽检1449批次，合格果品1442批次，合格率99.52%。

监测果品涉及河北省主产和市场主销的27类果品，其中梨388批次、桃373批次、苹果368批次、葡萄329批次、枣108批次、柑橘类99批次、核桃71批次、樱桃40批次、香蕉38批次、板栗33批次、山楂31批次、柚子27批次、火龙果25批次、杧果23批次、猕猴桃19批次、菠萝19批次、木瓜11批次、柠檬7批次、杏6批次、李子6批次、荔枝4批次、枇杷3批次、石榴2批次、海棠2批次、山竹1批次、龙眼1批次、柿子1批次。

（2）监测结果统计分析

从监测品种看。梨，合格388批次，合格率100%，174批次检出农药残留，检出率44.85%，常检出的农药残留为氯氟氰菊酯、甲氰菊酯、氰戊菊酯、溴氰菊酯、氯氰菊酯、氟氯氰菊酯、百菌清、联苯菊酯、毒死蜱、杀扑磷等10种农药。

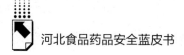

桃，合格 371 批次，2 批次不合格，超标农药为氰戊菊酯，合格率 99.46%，288 批次检出农药残留，检出率 77.21%，常检出的农药残留为氯氟氰菊酯、甲氰菊酯、氰戊菊酯、溴氰菊酯、氯氰菊酯、氯菊酯、联苯菊酯、毒死蜱、杀扑磷等 9 种农药。

苹果，合格 367 批次，1 批次不合格，超标农药为氧乐果，合格率 99.73%，82 批次检出农药残留，检出率 22.28%，常检出的农药残留为氯氟氰菊酯、甲氰菊酯、氯氰菊酯、氰戊菊酯、氟氯氰菊酯、毒死蜱、氧乐果、乙酰甲胺磷、杀扑磷等 9 种农药。

葡萄，合格 324 批次，5 批次不合格，超标农药为氧乐果，合格率 98.48%，99 批次检出农药残留，检出率 30.09%，常检出的农药残留为氯氟氰菊酯、氯氰菊酯、联苯菊酯、甲氰菊酯、氰戊菊酯、氟氯氰菊酯、氧乐果、毒死蜱等 8 种农药。

枣，合格 108 批次，合格率 100%，100 批次检出农药残留，检出率 92.59%，常检出的农药残留为氯氟氰菊酯、氯氰菊酯、甲氰菊酯、联苯菊酯、氰戊菊酯、氯菊酯、毒死蜱等 7 种农药。

柑橘类，合格 99 批次，合格率 100%，17 批次检出农药残留，检出率 17.17%，常检出的农药残留为甲氰菊酯、氯氟氰菊酯、氯菊酯、联苯菊酯、氟氯氰菊酯、氯氰菊酯、氰戊菊酯、百菌清、三唑酮、马拉硫磷、杀扑磷等 11 种农药。

核桃，合格 71 批次，合格率 100%，2 批次检出农药残留，检出率 2.82%，检出的农药残留为氯氟氰菊酯 1 种农药。

樱桃，合格 40 批次，合格率 100%，14 批次检出农药残留，检出率 35.0%，常检出的农药残留为氯氟氰菊酯、氯氰菊酯等 2 种农药。

香蕉，合格 38 批次，合格率 100%，2 批次检出农药残留，检出率 5.26%，检出的农药残留为氯氟氰菊酯、联苯菊酯、甲氰菊酯、氰戊菊酯等 4 种农药。

板栗，合格 33 批次，合格率 100%，16 批次检出农药残留，检出率48.48%，常检出的农药残留为甲氰菊酯、氯氟氰菊酯等 2 种农药。

山楂，合格 31 批次，合格率 100%，4 批次检出农药残留，检出率 12.90%，检出的农药残留为氯氟氰菊酯、联苯菊酯、氯菊酯、毒死蜱等 4 种农药。

柚子，合格 27 批次，合格率 100%，未有农药残留检出。

火龙果，合格 25 批次，合格率 100%，1 批次检出农药残留，检出率 4.00%，检出的农药残留为氯氰菊酯 1 种农药。

杧果，合格 23 批次，合格率 100%，9 批次检出农药残留，检出率 39.13%，常检出的农药残留为氯氟氰菊酯、毒死蜱、甲氰菊酯、杀扑磷等 4 种农药。

猕猴桃，合格 19 批次，合格率 100%，2 批次检出农药残留，检出率 10.53%，检出的农药残留为氯氟氰菊酯、氰戊菊酯、杀扑磷等 3 种农药。

菠萝，合格 19 批次，合格率 100%，1 批次检出农药残留，检出率 5.26%，检出的农药残留为氯氰菊酯 1 种农药。

木瓜，合格 11 批次，合格率 100%，3 批次检出农药残留，检出率 27.27%，检出的农药残留为甲氰菊酯、甲胺磷 2 种农药。

柠檬，合格 7 批次，合格率 100%，3 批次检出农药残留，检出率 42.86%，检出的农药残留为氯氟氰菊酯、甲氰菊酯、杀扑磷等 3 种农药。

杏，合格 6 批次，合格率 100%，5 批次检出农药残留，检出率 83.33%，检出的农药残留为氯氟氰菊酯、氯氰菊酯、毒死蜱等 3 种农药。

李子，合格 6 批次，合格率 100%，1 批次检出农药残留，检出率 16.67%，检出的农药残留为氯氟氰菊酯、氰戊菊酯等 2 种农药。

荔枝，合格 4 批次，合格率 100%，未有农药残留检出。

枇杷，合格 3 批次，合格率 100%，2 批次检出农药残留，检出率66.67%，检出的农药残留为三唑酮1种农药。

海棠，合格3批次，合格率100%，1批次检出农药残留，检出率33.33%，检出的农药残留为氯氟氰菊酯1种农药。

石榴，合格2批次，合格率100%，未有农药残留检出。

山竹，合格1批次，合格率100%，未有农药残留检出。

龙眼，合格1批次，合格率100%，未有农药残留检出。

柿子，合格1批次，合格率100%，未有农药残留检出（见表1和表2）。

表1　2014年监测果品合格率一览

单位：批次，%

序号	果品名称	抽样数量	不合格数	合格率
1	梨	388	0	100
2	桃	373	2	99.46
3	苹果	368	1	99.73
4	葡萄	329	5	98.48
5	枣	108	0	100
6	柑橘类	99	0	100
7	核桃	71	0	100
8	樱桃	40	0	100
9	香蕉	38	0	100
10	板栗	33	0	100
11	山楂	31	0	100
12	柚子	27	0	100
13	火龙果	25	0	100
14	杧果	23	0	100
15	猕猴桃	19	0	100

序号	果品名称	抽样数量	不合格数	合格率
16	菠萝	19	0	100
17	木瓜	11	0	100
18	柠檬	7	0	100
19	杏	6	0	100
20	李子	6	0	100
21	荔枝	4	0	100
22	枇杷	3	0	100
23	海棠	3	0	100
24	石榴	2	0	100
25	山竹	1	0	100
26	龙眼	1	0	100
27	柿子	1	0	100

表2　2014年监测果品农药检出一览

单位：批次，%

序号	品种	农药检出次数	农药检出率	常检出农药品种
1	枣	100	92.59	氯氟氰菊酯、氯氰菊酯、甲氰菊酯、联苯菊酯、氰戊菊酯、氯菊酯、毒死蜱
2	杏	5	83.33	氯氟氰菊酯、氯氰菊酯、毒死蜱
3	桃	288	77.21	氯氟氰菊酯、甲氰菊酯、氰戊菊酯、溴氰菊酯、氯氰菊酯、氯菊酯、联苯菊酯、毒死蜱、杀扑磷
4	枇杷	2	66.67	三唑酮
5	板栗	16	48.48	甲氰菊酯、氯氟氰菊酯
6	梨	174	44.85	氯氟氰菊酯、甲氰菊酯、氰戊菊酯、溴氰菊酯、氯氰菊酯、氟氯氰菊酯、百菌清、联苯菊酯、毒死蜱、杀扑磷
7	柠檬	3	42.86	氯氟氰菊酯、甲氰菊酯、杀扑磷

续表

序号	品种	农药检出次数	农药检出率	常检出农药品种
8	杧果	9	39.13	氯氟氰菊酯、毒死蜱、甲氰菊酯、杀扑磷
9	樱桃	14	35.00	氯氟氰菊酯、氯氰菊酯
10	海棠	1	33.33	氯氟氰菊酯
11	葡萄	99	30.09	氯氟氰菊酯、氯氰菊酯、联苯菊酯、甲氰菊酯、氰戊菊酯、氟氯氰菊酯、氧乐果、毒死蜱
12	木瓜	3	27.27	甲氰菊酯、甲胺磷
13	苹果	82	22.28	氯氟氰菊酯、甲氰菊酯、氯氰菊酯、氰戊菊酯、氟氯氰菊酯、毒死蜱、氧乐果、乙酰甲胺磷、杀扑磷
14	柑橘类	17	17.17	甲氰菊酯、氯氟氰菊酯、氯菊酯、氟氯氰菊酯、联苯菊酯、氯氰菊酯、氰戊菊酯、百菌清、三唑酮、马拉硫磷、杀扑磷
15	李子	1	16.67	氯氟氰菊酯、氰戊菊酯
16	山楂	4	12.90	氯氟氰菊酯、联苯菊酯、氯菊酯、毒死蜱
17	猕猴桃	2	10.53	氯氟氰菊酯、氰戊菊酯、杀扑磷
18	香蕉	2	5.26	氯氟氰菊酯、联苯菊酯、甲氰菊酯、氰戊菊酯
19	菠萝	1	5.26	氯氰菊酯
20	核桃	2	2.82	氯氟氰菊酯
21	火龙果	1	4.00	氯氰菊酯
22	柚子	0	0.00	—
23	荔枝	0	0.00	—
24	山竹	0	0.00	—
25	石榴	0	0.00	—
26	龙眼	0	0.00	—
27	柿子	0	0.00	—

从监测指标看。除氧乐果、氰戊菊酯 2 种农药残留超标外，其他所监测 25 种农药残留均合格，其中氯氟氰菊酯、氯氰菊酯、毒死蜱、甲氰菊酯、联苯菊酯等农药多次检出，但不超标（见表3）。

表3 2014年农药检出及不合格情况

单位：次

农药名称	氯氟氰菊酯	氯氰菊酯	毒死蜱	甲氰菊酯	联苯菊酯	氰戊菊酯	氯菊酯	杀扑磷	氟氯氰菊酯	氧乐果	马拉硫磷	三唑酮
检出次数	557	224	210	104	67	55	19	18	7	6	5	3
不合格次数	0	0	0	0	0	2	0	0	0	6	0	0

农药名称	百菌清	溴氰菊酯	甲胺磷	乙酰甲胺磷	六六六	滴滴涕	敌敌畏	甲拌磷	久效磷	乐果	磷胺	甲基对硫磷	杀螟硫磷	对硫磷	喹硫磷
检出次数	2	2	2	1	0	0	0	0	0	0	0	0	0	0	0
不合格次数	0	0	0	0	0	0	0	0	0	0	0	0	0	0	0

从不合格产品来看。共检出不合格产品 8 批次，其中葡萄 5 批次，桃 2 批次，苹果 1 批次。

从不合格监测指标看。葡萄监测不合格指标为氧乐果；桃监测不合格指标为氰戊菊酯，苹果监测不合格指标为氧乐果。

从不合格产品分布来看。7 批次不合格产品来自生产基地，1 批次来自超市。

从检出农药检出率来看。河北省主产果品中，枣的农药检出率为 92.59%，杏为 83.33%，桃为 77.21%，板栗为 48.48%，梨为 44.85%，樱桃为 35.00%，葡萄为 30.09%，苹果为 22.28%。

2. 监测结果反映的主要问题

从监测结果来看，2014 年果品质量安全情况整体较好，检测合格率 99.61%，较 2013 年的 99.11% 有所提高。

监测的 27 类产品中，桃、葡萄、苹果存在农药残留超标问题，主要为氰戊菊酯、氧乐果超标。2 批次样品检出氰戊菊酯超标，6 批次样品检出氧乐果超标，其他 24 类果品全部合格。监测结果反映的主要问题如下：

①桃、葡萄、苹果监测出农药残留超标。枣、杏、桃中农药检出率较高，存在一定的农药残留质量安全隐患。

②果品生产禁止使用的农药仍有个别检出，表明禁用农药生产登记、流通销售监管和收缴等方面还存有死角死面，禁用农药仍有销售和使用现象。

③果农的果品质量安全意识不强，个别果农对果品质量安全的重要性认识不足，在生产过程当中，为追求产量存在违规生产情况。

④果农对果品安全生产技术掌握不全面，对合理用药、安全间隔期等技术了解不够。

⑤生产管理部门监管和技术指导服务还有空位和死角。

⑥基层果品监管现有手段落后、经费短缺、力量不足等问题突出，林果监管力量总体相对薄弱。

（四）当前检测体系建设存在的问题

1. 思想认识不足

《河北省人民政府关于大力实施质量兴省战略的意见》提出，2015 年实现"全省基地蔬菜、畜禽、水产品和果品总体合格率达到100%"，对全省果品质量监督检验工作提出了很高要求。目前，仍有一些地方政府和林业主管部门的领导，对果品质量安全监管重要性、严峻性认识不够，工作措施不得力，是导致果品质量监管工作不到位的重要原因。

2. 检测体系薄弱

与河北省农业系统蔬菜、畜产品质量监督检验体系相比，目前河北省林果质量监督检验体系建设严重滞后，与林果大省地位不相符合。农业系统现已建立农产品、畜产品、水产品、土壤肥料、农药产品等 6 个独立的省级监督检验机构，4 个农业部部级监测中心。20 多个市级农产品、畜产品、水产品监督检验机构全部通过省级资质认定。135 个县级机构配置了仪器设备。相比之下，河北省市、县林果质检机构极为薄弱，已成立相应机构的多数与其他站（科）合署办公，还有 1 个设区市（邢台市）尚未成立机构，连接市场环节的县级检验检测尚有空白，难以满足林果大省的形势需要。

3. 人员队伍短缺

目前，省、市、县三级林果质量监督检验人员均严重不足。省林果桑花质检中心承担全省果品、花卉、林木种苗、林木产品等质量监督检验，负责全省林果质量监督检验技术指导和人员培训工作，省政府果品监测任务每年有 2000 个批次且逐年增加，人员编制仅 16 名，负责果品检测的人员只有 7 名，检测技术人员缺口较大。市、县两级

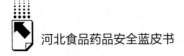

基本没有专职林果质量监督检验人员，与林果业发展需要极不相称。

4. 监测环境较差

按照省级检测机构建设标准及国家林业局林产品质量检验检测中心建设标准，省林果桑花质检中心实验室建筑面积应不少于5000平方米，而实际实验室面积不到标准要求的1/5，一些仪器不能妥善安装使用，难以发挥其应有的效能。全省林果质量安全监督检验机构普遍存在实验室基础设施落后和实验室基础环境不达标问题，市、县（市、区）实验室基础环境不达标问题更为突出。

（五）对策建议

针对2014年度果品质量例行监测过程中发现的问题，提出以下6点对策建议。

1. 进一步统一思想、提高认识

河北是林果大省，林果质量安全关系到区域经济发展和社会稳定，在河北具有特殊的重要意义。各级政府和林业主管部门要切实把思想统一到党中央、国务院和省委省政府决策部署上来，进一步明确林果质量监督检验公益性社会服务定位，以保障消费者健康安全为中心，以"等不起"的紧迫感、"慢不起"的危机感、"坐不住"的责任感去认识和把握肩负的时代重托，全身心地积极投身果品质量安全工作。

2. 进一步查找问题、认真整改

全省各级林业部门要按照"在全国争先进，在省内创一流"的高标准要求，以林果质量安全监管先进市、县（市）为标杆，全面、深入查找自身存在的问题，逐项分析归纳，深层次查找问题根源。在深入调查研究的基础上，结合各自实际，从全局的高度制定出针对性强、切实可行的整改方案，落实责任，及时动手，认真整改。

3. 进一步健全机构、充实人员

11个设区市林业局尽快建立健全综合性林果质量安全监督检验

机构，没有林果质量监督检验机构的，要尽快成立机构。要参照省级林果质量安全监督检验机构和模式，将所辖果（桑）花、林木种苗质检机构进一步系统整合，与其他非质检机构脱离，优化资源配置，落实编制和专职监督检验人员。80个果品重点县（市、区）全部建立林果质量安全监督检验专业站，立足辖区内果品生产基地、企业、收购站点、批发市场等，建立果品质量监督检验速测站点，配备专人负责，确保各速测站点能够独立开展工作。

4. 进一步强化培训、提升能力

各级林业部门要注重引进高素质林果监督检验专业人才，充实林果质量监督检验一线队伍。切实加强现有人员林果质量监督检验检测基础知识、专业技术培训学习，鼓励他们积极参加外部检验检测能力验证、比对和考核，加强职业道德和法律法规教育，进一步提升林果质量监督检验技术人员履责能力。加强与相关产品质量监督检验先进机构、大专院校、科研院所等学习交流，扩展新视野、掌握新技术，切实提升检验检测人员业务能力和水平。

5. 进一步争取资金、强化基础

各级林业部门要借助党中央、国务院及省委省政府高度重视食品安全的社会形势，进一步加大资金争取力度，切实加强林果质量监督检验基础能力建设。一方面，加强仪器设备配置。根据当前河北省林果质量安全监督检验工作的实际需要，市级重点配置农药残留、重金属等常规检验检测仪器。县级重点配置农残速测成套设备，有条件的县（市、区）要积极向先进质检机构看齐。另一方面，按照国家、省有关部门对实验室环境的要求，新建、改扩建林果质量监督检验实验室，切实改善实验基础环境条件。

6. 进一步强化果品质量监测、搞好服务

各级果品监督检验机构要高标准开展林果产品监督检验，突出抓好生产基地、批发市场、农贸市场、超市和生产经营企业果品质量监

测，特别是要抓住果品集中上市期间以及"两节"、"两会"、"五一"、"国庆"等重点时段深入开展果品质量安全监测，确保不出问题。要充分发挥和利用好检验检测技术手段，将服务链条延伸至林果生产、流通和消费第一线，主动帮助生产及经营者解决林果产品质量问题，科学指导生产，引导健康消费。

四　2015年度果品质量安全工作总体思路

果品安全风险分析：①果农素质有待提高，农药残留超标和使用禁限用农药的风险依然存在；②果品企业安全责任意识薄弱，自我监管有待提高；③消费者自我保护意识差，无视问题产品。因此，必须在2015年进一步加强果品安全监管工作。

2015年果品安全工作总体思路：深入贯彻落实《中华人民共和国食品安全法》，切实做好《河北省2015年食品安全重点工作安排》任务，加强无公害果品基地建设，进一步采取有力措施，加大果品抽检力度，加强宣传，搞好省、市、县三级果品检测体系平台建设，强化监管队伍素质和技术装备水平，努力提升果品质量安全监管水平。

总体目标：继续加强食品安全监管，主要果品安全监测合格率达98%以上，确保全省不发生重大果品安全事故，努力成为全国果品最安全的省份之一。

主要工作任务：一是加强果品基地基础设施建设，全年新增无公害高标准果品基地200万亩以上；二是加大果品抽检力度，全年省级抽检完成2000批次以上，发布检测通报16期；三是加强日常监管和应急处置，努力控制和消除果品安全事件的危害和影响；四是加大用药期果园巡查力度，积极开展果品安全源头治理；五是抓好宣传动员，构建全社会共同参与的果品质量安全工作新格局。

河北省食品工业产品质量安全状况
分析及对策建议

郑俊杰　黄　迪　刘凌云　郝丽君*

摘　要： 经过多年发展，河北省食品工业的产业规模、企业结构、品牌建设及进出口情况均取得了一定成绩，植物油加工、粮食加工、屠宰及肉类加工等 8 个行业成为全省食品工业骨干行业。近几年，河北省食品工业质量安全状况总体保持较高水平，2010～2014 年生产环节实物质量合格率均在95%以上，五年平均合格率为96.86%。在对食品工业发展优势和存在问题深入分析的基础上，提出了进一步提高全省食品工业质量安全监管的对策建议。

关键词： 食品工业　产品质量　安全监管

　　食品工业作为农产品转化的重要后续产业，承担着为社会公众提供安全放心、营养健康食品的重任，对农业产业化、农民增收，以及提高人民群众生活水平和生活质量具有重要作用，是国民经济的支柱产业和保障民生的基础性产业。食品工业上承食用农产品种植养殖业的发展，下连广大消费者身体健康，在食品产业链中占有承上启下的重要地位。

＊ 郑俊杰、黄迪、刘凌云、郝丽君，河北省食品药品监督管理局工作人员。

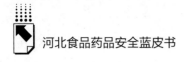

一　河北省食品工业发展概况

经过多年发展，河北省食品工业已经形成了包括农副食品加工业，食品制造业，酒、饮料与精制茶制造业三大门类（不含烟草制品业）、17 个中类（不含饲料加工业）、45 个小类，比较完整的食品工业体系，是国民经济主导产业之一。其中，农副食品加工业包括粮食加工（谷物磨制），植物油加工，制糖加工，屠宰及肉类加工，水产品加工，蔬菜、水果和坚果加工，其他农副食品加工等 7 个中类行业。食品制造业包括焙烤食品制造，糖果、巧克力及蜜饯制造，方便食品制造，乳制品制造，罐头食品制造，调味品、发酵制品制造，其他食品制造等 7 个中类行业。酒、饮料与精制茶制造业包括酒的制造、饮料制造、精制茶制造 3 个中类行业。

（一）产业规模

截至 2014 年底，全省共有获得食品生产许可证企业 5326 家，其中规模以上企业 1049 家。2014 年，全省规模以上企业完成主营业务收入 3138.54 亿元，实现利税 266.31 亿元，利润 175.89 亿元。全省规模以上食品工业企业完成工业增加值 663.6 亿元，占全省规模以上工业企业完成增加值的 5.64%。完成出口交货值为 111.5 亿元，占全省规模以上工业企业出口交货值的 0.95%（见表 1）。

（二）食品工业企业结构

2014 年，在食品工业全部入统企业中，国有控股企业占 2.34%，集体控股企业占 1.34%，私人控股企业占 86.70%，港澳台商控股企业占 1.84%，外商控股企业占 3.43%，其他类型企业占 4.35%。据

表 1　2014 年全省食品工业三大类行业主要经济指标（不含烟草）

单位：亿元，%

行业名称	入统企业数量	资产总额		主营业务收入		利润总额		利税总额	
		本年	增长比例	本年	增长比例	本年	增长比例	本年	增长比例
农副食品加工业（不含饲料加工）	601	901.69	7.74	1742.5	2.06	60.21	-19.93	85.16	-18.37
食品制造业	285	494.95	16.91	921.45	12.05	65.60	17.39	92.49	14.81
酒、饮料与精制茶制造业	163	445.59	2.61	474.59	10.35	50.08	6.19	88.66	4.87
合　　计	1049	1842.23	8.72	3138.54	6.04	175.89	-1.32	266.31	-1.16

不完全统计，全省主营业务收入超 10 亿元的食品工业企业 35 家（见表 2）。其中，100 亿元以上企业 1 家，50 亿~100 亿元企业 3 家，20亿~50 亿元企业 10 家，10 亿~20 亿元企业 21 家。到 2014 年底，全省食品工业企业共有国家级企业技术中心 3 个，分别为中粮中国长城葡萄酒有限公司、河北迁西板栗集团有限公司、河北晨光生物科技有限公司；有省级企业技术中心 38 个。

表 2　2014 年河北省食品工业主营业务收入超 10 亿元企业

序号	企业名称	序号	企业名称
1	今麦郎食品有限公司	19	唐山双汇食品有限责任公司
2	秦皇岛金海粮油工业有限公司	20	蒙牛乳业（唐山）有限责任公司
3	河北养元智汇饮品股份有限公司	21	五得利集团深州面粉有限公司
4	好丽友食品有限公司	22	蒙牛塞北乳业有限公司
5	秦皇岛金海食品工业有限公司	23	秦皇岛正大有限公司
6	三河汇福粮油集团精炼植物油有限公司	24	张北伊利乳业有限责任公司
7	益海（石家庄）粮油工业有限公司	25	玉峰实业集团有限公司
8	承德避暑山庄企业集团有限责任公司	26	河北宏都实业集团有限公司
9	石家庄君乐宝乳业有限公司	27	河北喜之郎食品有限公司

续表

序号	企业名称	序号	企业名称
10	河北承德露露股份有限公司	28	小洋人生物乳业集团有限公司
11	定州伊利乳业有限责任公司	29	五得利集团雄县面粉有限公司
12	秦皇岛骊骅淀粉股份有限公司	30	河北金沙河面业有限责任公司
13	河北香道食品有限公司	31	蒙牛乳业（滦南）有限责任公司
14	五得利面粉集团有限公司	32	滦县伊利乳业有限责任公司
15	蒙牛乳业（察北）有限公司	33	福喜食品有限公司
16	河北滦平华都食品有限公司	34	河北健民淀粉糖业有限公司
17	河北衡水老白干酒业股份有限公司	35	中粮面业（秦皇岛）鹏泰有限公司
18	邢台金沙河面业有限责任公司		

（三）品牌建设情况

截至 2014 年底，全省食品工业拥有有效期内河北省名牌 203 项，河北省优质产品 177 项，河北省质量效益型企业 39 家。"今麦郎"方便面、"五得利"小麦粉、"汇福"粮油、"君乐宝"酸奶、"衡水"白酒、"长城"葡萄酒等品牌在省内外有较大影响。涌现出大名、隆尧、沧县、遵化、怀来、昌黎、平泉等一批食品加工集群县（市）。其中，经中国食品工业协会认定的食品强县（市）13 家。分别是大名县、宁晋县、昌黎县、新乐市、遵化市、隆尧县、大厂回族自治县、滦县、三河市、河间市、冀州市、唐山市丰润区、沧县。食品工业已成为部分县域经济的支柱产业。

（四）重点产品产量

2014 年，河北省乳制品产量 328.9 万吨，液体乳产量 323.1 万吨，均居全国首位；方便面产量 128.0 万吨，居全国第 2 位；小麦粉产量 1009.8 万吨，居全国第 5 位。其他大宗产品产量分别为：精制食用植物油 169.5 万吨，鲜冷藏肉 103.1 万吨，软饮料 488.8 万吨，白酒 2.94 亿升，啤酒 16.57 亿升，葡萄酒 0.67 亿升，罐头 49.3 万吨。乳制品、液体乳、方便面在全国同类产品中所占比重均在 10% 以上（见表 3）。

表 3　2014 年河北食品工业重点产品产量

序号	产品名称	单位	产量	在全国位次
1	小麦粉	万吨	1009.8	5
2	精制食用植物油	万吨	169.5	13
3	鲜冷藏肉	万吨	103.1	—
4	方便面	万吨	128.0	2
5	乳制品	万吨	328.9	1
	其中:液体乳	万吨	323.1	1
	乳粉	万吨	4.4	—
6	罐头	万吨	49.3	10
7	酱油	万吨	3.8	—
8	饮料酒	亿升	20.54	13
	其中:白酒	亿升	2.94	13
	啤酒	亿升	16.57	12
	葡萄酒	亿升	0.67	—
9	软饮料	万吨	488.8	14
	其中:碳酸饮料	万吨	33.7	20
	包装饮用水类	万吨	146.6	17
	果蔬菜汁饮料	万吨	82.0	13
10	食品添加剂	万吨	31.3	—

（五）产品出口情况

2014 年，全省规模以上食品工业出口交货值为 111.5 亿元。其中农副食品加工业出口交货值 83.3 亿元，食品制造业出口交货值 20.4 亿元，酒、饮料与精制茶出口交货值 7.8 亿元。

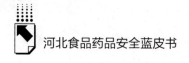

（六）重点行业

在构成食品工业的 17 个中类行业中，植物油加工、粮食加工、屠宰及肉类加工、淀粉及淀粉制品制造、乳制品制造、饮料制造、酒的制造、方便食品制造等 8 个行业为河北省食品工业骨干行业。以主营业务收入计算，8 个骨干行业 2014 年主营业务收入 2491.84 亿元，占 17 个中类行业总额 79.38%。其中，植物油加工、粮食加工、屠宰及肉类加工、淀粉及淀粉制品制造 4 个行业主营业务收入占 17 个中类行业总额 49.65%。植物油加工是第一大行业，2014 年主营业务收入 505.79 亿元，占全部食品工业 16.12%（见表4）。

表4 2014 年 8 个骨干行业主营业务收入占比

单位：亿元，%

序号	行业名称	主营业务收入	占全部食品工业比重
1	植物油加工	505.79	16.12
2	粮食加工	382.37	12.18
3	屠宰及肉类加工	354.15	11.28
4	淀粉及淀粉制品制造	316.16	10.07
5	乳制品制造	259.17	8.26
6	饮料制造	237.07	7.55
7	酒的制造	236.15	7.52
8	方便食品制造	200.98	6.40

1. 植物油加工

植物油加工是河北省食品工业第一大行业。植物油加工是指用植物油料榨油，包括食用植物油加工和非食用植物油加工，河北省主要是食用植物油加工。2014 年，河北省植物油加工行业规模以上企业 89 家，完成主营业务收入 505.79 亿元，占全部食品工业的

16.12%。主营业务收入在河北省食品工业 17 个中类行业中，居第 1 位。主要企业包括秦皇岛金海粮油工业有限公司、秦皇岛金海食品工业有限公司、三河汇福粮油集团精炼植物油有限公司、益海（石家庄）粮油工业有限公司等。2014 年，全行业精炼食用植物油产量 169.5 万吨。

2. 粮食加工

粮食加工是河北省食品工业第二大行业。粮食加工主要指碾米、磨面，河北省以小麦粉加工为主。2014 年，河北省粮食加工行业规模以上企业 128 家，主营业务收入 382.37 亿元。主营业务收入在河北省食品工业 17 个中类行业中，居第 2 位。主要企业包括五得利面粉集团有限公司、中粮面业（秦皇岛）鹏泰有限公司、邢台金沙河面业有限责任公司等。2014 年，全行业小麦粉产量 1009.8 万吨。

3. 屠宰及肉类加工

屠宰及肉类加工是河北省食品工业第三大行业。屠宰及肉类加工是指畜禽屠宰和畜禽肉类加工，河北省多数是生猪屠宰和生猪肉类加工。2014 年，河北省屠宰及肉类加工行业规模以上企业 158 家，完成主营业务收入 354.15 亿元，占全部食品工业的 11.28%。主营业务收入在河北省食品工业 17 个中类行业中，居第 3 位。主要企业包括唐山双汇食品有限责任公司、秦皇岛正大有限公司、河北宏都实业集团有限公司等。2014 年，鲜冷藏肉产量 103.1 万吨。

4. 淀粉及淀粉制品制造

淀粉及淀粉制品制造是河北省食品工业第四大行业，重点是玉米淀粉。2014 年，河北省淀粉及淀粉制品制造行业规模以上企业 77 家，完成主营业务收入 316.16 亿元。主营业务收入在全省食品工业 17 个中类行业中居第 4 位。秦皇岛骊骅淀粉股份有限公司、玉峰实业集团有限公司等是重点企业。

5. 乳制品制造

乳制品制造是河北省食品工业第五大行业。乳制品制造业包括液体乳及乳粉等乳制品的生产。目前，河北省主要是液体乳生产。2014年，河北省乳制品制造规模以上企业 36 家，完成主营业务收入259.17 亿元，主营业务收入在河北省食品工业 17 个中类行业中居第5 位。重点企业包括石家庄君乐宝乳业有限公司、定州伊利乳业有限责任公司、蒙牛乳业（察北）有限公司、蒙牛乳业（唐山）有限责任公司等。

2014 年，全省乳制品产量 328.9 万吨，其中液体乳 323.1 万吨，占乳制品总产量的 98.24%，乳粉及婴幼儿配方粉等高附加值产品产量仅占乳制品总产量的 1.76%。

6. 饮料制造

饮料制造是河北省食品工业第六大行业。饮料制造业包括碳酸饮料制造、瓶（装）饮用水制造、果菜汁及果菜汁饮料制造、含乳和植物蛋白饮料制造、固体饮料制造、茶饮料及其他饮料制造。河北省主要是含乳和植物蛋白饮料制造。2014 年，饮料制造业规模以上企业 67 家，主营业务收入 237.07 亿元。主营业务收入在河北省食品工业 17 个中类行业中居第 6 位。其中，含乳饮料和植物蛋白饮料行业规模以上企业 24 家，完成主营业务收入 151.46 亿元，占饮料制造业的 63.89%。重点企业包括河北养元智汇饮品股份有限公司、河北承德露露股份有限公司等。

7. 酒的制造

酒的制造是河北省食品工业第七大行业。酒的制造业包括白酒、啤酒、葡萄酒、其他酒及酒精的生产。河北省白酒、啤酒、葡萄酒生产均有一定规模。2014 年，河北省酒的制造业规模以上企业 95 家，主营业务收入 236.15 亿元。主营业务收入在河北省食品工业 17 个中类行业中居第 7 位。

（1）白酒制造。2014 年规模以上企业 56 家，完成主营业务收入
132.99 亿元，白酒产量 2.94 亿升。前 10 家名优白酒生产企业包括：
河北衡水老白干酿酒（集团）有限公司、承德避暑山庄企业集团有
限责任公司、承德乾隆醉酒业有限责任公司、邯郸丛台酒业股份有限
公司、河北三井酒业股份有限公司、刘伶醉酿酒股份有限公司、保定
五合窖酒业有限公司、河北凤来仪酒业有限公司、河北大名府酒业有
限责任公司、张家口三祖龙尊酿酒有限公司。10 家企业白酒产量约
占全省规模以上白酒企业总产量的 40.52%，主营业务收入约占
47.07%，利税约占 56.41%，利润约占 52.7%。

（2）啤酒制造。2014 年规模以上企业 19 家，完成主营业务收入
49.36 亿元，啤酒产量 16.57 亿升。重点企业包括蓝贝酒业集团有限
公司、新钟楼啤酒有限公司等。

（3）葡萄酒制造。2014 年规模以上企业 17 家，完成主营业务收
入 10.26 亿元，葡萄酒产量 0.67 亿升。重点企业包括中国长城葡萄
酒有限公司、中粮华夏长城葡萄酒有限公司、贵州茅台酒厂（集团）
昌黎葡萄酒业有限公司等。

8. 方便食品制造

方便食品制造是河北省食品工业第八大行业。方便食品制造包括
挂面、通心粉等米面制品制造，速冻饺子、速冻馒头等速冻食品制
造，方便面及方便粥等其他方便食品制造。河北省主要是方便面制
造。2014 年，河北省方便食品制造业规模以上企业 35 家，完成主营
业务收入 200.98 亿元，主营业务收入在河北省食品工业 17 个中类行
业中居第 8 位。2014 年方便面产量 128.0 万吨，居全国第 2 位。重点
企业包括今麦郎食品有限公司、河北香道食品有限公司、高碑店白象
食品有限公司等。

9. 其他行业

焙烤食品制造。焙烤食品制造业包括糕点、面包制造，饼干及其

他焙烤食品制造。2014年，河北省规模以上企业39家，完成主营业务收入132.18亿元。主营业务收入在河北省食品工业17个中类行业中居第9位。

蔬菜、水果和坚果加工业。蔬菜、水果和坚果加工业指用脱水、干制、冷藏、冷冻、腌制等方法，对蔬菜、水果、坚果的加工。2014年河北省蔬菜、水果及坚果加工业规模以上企业2家，完成主营业务收入115.84亿元。主营业务收入在全省食品工业17个中类行业中居第10位。

糖果、巧克力及蜜饯制造业。2014年，河北省糖果、巧克力及蜜饯制造业规模以上企业55家，主营业务收入107.31亿元。主营业务收入在河北省食品工业17个中类行业中居第11位。

其他食品制造业。其他食品制造业包括营养食品制造、保健食品制造、冷冻饮品及食用冰制造、食品添加剂制造等。2014年，河北省规模以上企业57家，完成主营业务收入106.53亿元。主营业务收入在河北省食品工业17个中类行业中居第12位。

调味品、发酵制品制造业，罐头食品制造业，水产品加工业，制糖业，精制茶加工业等5个行业2014年主营业务收入均不足百亿元，在河北省食品工业17个中类行业中分别列第13、14、15、16、17位。

二 河北省食品工业质量安全状况[①]

食品工业是保障民生的重要产业，也是国民经济的重要支柱行业之一。多年来，食品工业的质量安全能力建设一直是各级政府及监管部门的工作重点。特别是2008年三鹿事件后，作为重灾区的河

---

① 本部分所涉及合格率均为食品生产环节合格率，样品来自食品生产企业成品库。

北省对食品安全工作更加重视。2011年省委、省政府在对各设区市党委、政府领导班子的年度综合考核中，总分100分，食品安全占5分；共设定了三个一票否决项，发生重大食品安全事故是其中之一。在各级政府、相关监管部门及全社会共同努力下，近几年，河北省食品工业质量安全状况总体一直保持较高水平。据不完全统计，2010~2014年，省质量技术监督局、省食品药品监管局在食品生产环节共组织抽检25141批次，抽检项目不仅包括国家食品安全标准内项目，还增加了一些标准外有毒有害物质。其中，实物质量合格24352批次，五年平均生产环节实物质量合格率96.86%。各年度实物质量合格率均在95%以上。其中，2010年最低，为95.46%；2014年最高，为98.75%（见图1）。

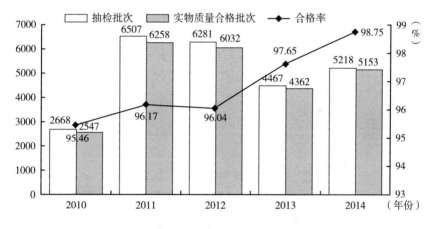

图1 河北省食品工业抽检监测实物质量合格率

（一）食用植物油加工行业质量安全状况

食用植物油包括花生油、大豆油、菜籽油、棉籽油、芝麻油、亚麻籽油、葵花籽油、胡麻油、玉米油、食用调和油等。食用植物油检验项目包括脂肪酸组成、酸值、过氧化值等品质指标，总砷、铅等重金属，溶剂残留、游离棉酚、苯并芘、邻苯二甲酸酯类塑化剂等污染物，以及黄曲霉毒素 B1，食品添加剂（抗氧化剂）丁基羟基茴香醚（BHA）、二丁基羟基甲苯（BHT）、特丁基对苯二酚（TBHQ）、没食子酸丙酯（PG）等。

植物油加工是河北省食品工业第一大行业，也是监管部门抽检的重点，年产精炼食用植物油近 170 万吨。据不完全统计，2010～2014年，河北省质量技术监督局、食品药品监管局共对食用植物油加工行业抽检 1299 个批次，其间河北省食用植物油产量 734.82 万吨，平均抽检密度 1.77 批次/万吨。抽检结果显示，实物质量合格 1239 批次，五年平均实物质量合格率 95.38%。各年度实物质量合格率均在 92% 以上。其中，2012 年最低，为 92.20%；2014 年最高，为 98.91%（见表 5 和图 2）。

表 5　河北省食用植物油加工行业抽检监测密度

项　　目 \ 年　份	2010	2011	2012	2013	2014	合计
产量(万吨)	130.25	146.18	147.19	141.7	169.5	734.82
抽检批次	291	401	295	129	183	1299
抽检密度(批次/万吨)	2.23	2.74	2.00	0.91	1.08	1.77

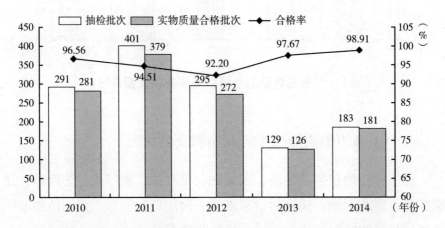

图 2　河北省食用植物油加工行业抽检监测实物质量合格率

实物质量不合格项目主要为塑化剂、酸值、脂肪酸组成、溶剂残留、过氧化值。塑化剂超标多数为香油、核桃油、亚麻籽油等小品种植物油，主要是食用油加工过程中塑料管道、容器中塑化剂成分迁移所致，未发现河北省食用植物油生产企业人为添加塑化剂现象。酸值是食用植物油重要的质量指标，用以说明产品酸败变质程度。脂肪酸组成是判断油种是否掺杂的指标，不同的油品脂肪酸组成不同，脂肪酸组成不合格表明植物油品种不纯，可能掺入或混入了其他品种植物油。溶剂残留超标是浸出法制油溶剂分离不彻底所致，溶剂分离不彻底，会导致一定量溶剂残留在油脂中，给人们健康带来危害。过氧化值表示食用植物油被氧化的程度，随着油脂放置时间的加长而增高，出现人们通常所说的"哈喇味"（见表6）。

表6 河北省食用植物油加工行业抽检监测不合格项目分布

单位：批次

项目	脂肪酸组成	塑化剂	酸值	溶剂残留	过氧化值	合计
2010 年	3	—	4	2	2	11
2011 年	4	7	6	6	1	24
2012 年	2	17	7	—	—	26
2013 年	—	3	—	—	1	4
2014 年	—	—	1	—	1	2
合 计	9	27	18	8	5	67

食用植物油加工重点企业秦皇岛金海食品工业有限公司、秦皇岛金海粮油工业有限公司、益海（石家庄）粮油工业有限公司产品抽检合格率在行业领先。

（二）小麦粉加工行业质量安全状况

小麦粉分为通用小麦粉和专用小麦粉，通用小麦粉包括特制一等小麦粉、特制二等小麦粉、标准粉、普通粉、高筋小麦粉和低筋小麦粉；专用小麦粉包括面包用小麦粉、面条用小麦粉、饺子用小麦粉、馒头用小麦粉、发酵饼干用小麦粉、酥性饼干用小麦粉、蛋糕用小麦粉、糕点用小麦粉等。小麦粉检验项目包括灰分、脂肪酸值等小麦粉品质指标，重金属（铅、镉、汞、砷）指标，真菌毒素（黄曲霉毒素B1）指标，六六六、滴滴涕等农药残留指标，过氧化苯甲酰、溴酸钾、甲醛次硫酸氢钠等非食用物质。

粮食加工（谷物磨制）是河北省食品工业第二大行业，河北省粮食加工主要是小麦粉加工。河北是小麦粉加工大省，年加工小麦粉逾千万吨，产量在全国排第5位，小麦粉也是监管部门抽检重点。据不完全统计，2011～2014年，省质量技术监督局、省食品药品监管局共在小麦粉加工行业抽检小麦粉1266批次，其间全省小麦粉产量3995.47万吨，平均抽检密度0.32批次/万吨。结果显示，河北省小麦粉加工行业产品合格率除2011年偏低外，2012年以来，一直保持近100%的合格率（见表7和图3）。

表7 河北省小麦粉加工行业抽检监测密度

项目 年份	2011	2012	2013	2014	合计
产量(万吨)	1211.16	881.55	892.96	1009.8	3995.47
抽检批次	784	205	175	102	1266
抽检密度(批次/万吨)	0.65	0.23	0.20	0.10	0.32

小麦粉抽检主要不合格项目为过氧化苯甲酰和灰分，不合格产品主要集中在2011年。过氧化苯甲酰原是国家允许在小麦粉中添加的食品添加剂，可使小麦粉增白，还可加速小麦粉的后熟，提高小麦出粉率和抑止小麦粉在贮存中的霉变。但过氧化苯甲酰会破坏小麦粉中对人体有益的维生素，我国自2011年5月1日起禁止在小麦粉中添

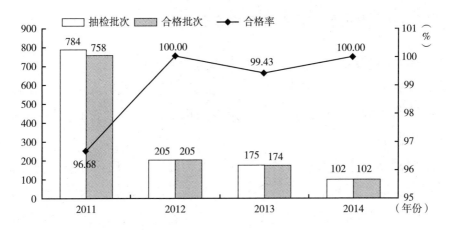

图3　河北省小麦粉加工行业抽检监测情况

加。过氧化苯甲酰超标现象主要集中在2011年5月1日前，原因是一些企业迎合部分使用者要求，盲目追求小麦粉白度，添加过氧化苯甲酰时剂量控制不准（见表8）。

表8　河北省小麦粉加工行业抽检监测不合格项目分布

单位：批次

项目	过氧化苯甲酰	灰分	其他	合计
2011	24	2	—	26
2012	—	—	—	—
2013	—	1	—	1
2014	—	—	—	—
合计	24	3	—	27

小麦粉重点生产企业五得利面粉集团有限公司、中粮面业（秦皇岛）鹏泰有限公司、益海（石家庄）粮油工业有限公司在2011年以来的省本级生产环节抽检中，合格率行业领先。

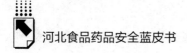

（三）肉类加工行业质量安全状况

肉制品是指以鲜、冻畜禽肉为主要原料，经选料、修整、腌制、调味、成型、熟化（或不熟化）和包装等工艺制成的肉类加工食品。包括腌腊肉制品、酱卤肉制品、熏烧烤肉制品、熏煮香肠火腿制品、发酵肉制品。

肉制品检验项目包括菌落总数、大肠菌群、致病菌等微生物，重金属铅、镉、铬和苯并（a）芘等污染物，亚硝酸盐、苯甲酸、山梨酸等食品添加剂，盐酸克伦特罗、沙丁胺醇、莱克多巴胺等瘦肉精，以及淀粉、蛋白质、过氧化值等品质指标。

屠宰和肉类加工是河北省食品工业第三大行业。肉制品加工环节也是监管部门抽检重点。据不完全统计，2010～2014年，河北省质量技术监督局、食品药品监管局在肉类加工行业抽检肉制品1560批次。结果显示，实物质量合格1506批次，五年平均实物质量合格率96.54%。从分年度情况看，除2011年合格率为93.46%外，其他年份合格率均在97%以上（见图4）。

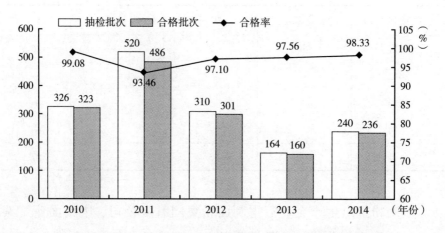

图4　河北省肉类加工行业抽检监测实物质量合格率

肉制品实物质量不合格项目主要包括菌落总数等微生物超标，其次是瘦肉精、亚硝酸盐以及山梨酸、苯甲酸，以及蛋白质、淀粉、感官等品质指标。其中，菌落总数等微生物超标数量最多，亚硝酸盐、山梨酸、苯甲酸年超标频率也较高，是应该持续防范的风险因素。瘦肉精不合格集中在2011年，主要是河南双汇瘦肉精事件前后，瘦肉精检出率达到峰值（见表9）。

表9　河北省肉类加工行业抽检监测不合格项目分布

单位：批次

项目	微生物	亚硝酸盐	山梨酸、苯甲酸	瘦肉精	重金属（铅、镉）	蛋白质、淀粉、感官	合计
2010年	3	—	—	—	—	2	5
2011年	11	6	1	17	1	—	36
2012年	7	—	2	—	—	—	9
2013年	2	2	—	—	—	—	4
2014年			1	—	1	2	4
合计	23	8	4	17	2	4	58

肉制品加工过程中加亚硝酸盐，除了防腐外主要是发色作用。亚硝酸盐作为一种多功能的食品添加剂，能够赋予熟肉制品特有的红色，抑制肉毒梭菌生长和繁殖。山梨酸、苯甲酸均是防腐剂，主要是延长产品保质期。

肉制品重点生产企业唐山双汇食品有限责任公司、河北宏都实业集团有限公司等企业产品抽检合格率在行业内保持领先水平。

（四）淀粉及淀粉制品制造行业质量安全状况

淀粉及淀粉制品包括淀粉、淀粉制品和淀粉糖。淀粉包括谷类淀粉、薯类淀粉和豆类淀粉。淀粉制品包括以谷类，薯类，豆类或以谷类、薯类、豆类食用淀粉为原料加工制成的产品，包括粉丝、粉条、粉皮等。淀粉糖是以谷类、薯类等农产品为原料，运用生物技术，经过水解、转化而生产制成的淀粉糖，包括葡萄糖、饴糖、麦芽糖和异构化糖等。

淀粉及淀粉制品的检验项目包括水分、白度、蛋白质、灰分等品质指标，重金属铅，大肠菌群等微生物，明矾、二氧化硫等食品添加剂。

淀粉及淀粉制品制造是河北省食品工业第四大行业，近年来，监管部门不断加强对淀粉和淀粉制品的抽检。据不完全统计，2010～2014年，河北省质量技术监督局、食品药品监管局共对淀粉及淀粉制品抽检监测449批次。抽检结果显示，实物质量合格426批次，实物质量平均合格率94.88%（见表10）。

表10 河北省淀粉及淀粉制品制造行业抽检监测实物质量合格率

单位：批次，%

项　目　　　年　份	2010	2011	2012	2013	2014	合计
抽检批次	101	—	190	40	118	449
合格批次	96	—	174	40	116	426
合格率	95.05	—	91.58	100	98.31	94.88

表11 河北省淀粉及淀粉制品行业抽检监测不合格项目分布

单位：批次

年份	水分、白度	铝含量	大肠菌群、霉菌	二氧化硫	合计
2010	5	—	—	—	5
2011	—	—	—	—	—
2012	7	3	5	1	16
2013	—	—	—	—	—
2014	—	—	—	2	2
合计	12	3	5	3	23

淀粉及淀粉制品的主要不合格项目为水分、白度，以及大肠菌群、霉菌等微生物，二氧化硫和铝含量等食品添加剂。铝含量超标主要是粉丝、粉条过量添加明矾所致。

（五）乳制品制造行业质量安全状况

人均乳制品消费量是衡量一个国家人民生活水平的主要指标之一。世界上许多国家都对增加乳制品消费给予高度重视，加以引导和鼓励。在我国，乳制品逐渐成为人民生活的必需食品。

乳制品包括液体乳（巴氏杀菌乳、灭菌乳、调制乳、发酵乳）、乳粉（全脂乳粉、脱脂乳粉、部分脱脂乳粉、调制乳粉、牛初乳粉）、其他乳制品（炼乳、奶油、干酪等）。

河北省是乳制品生产大省，2014年乳制品、液体乳产量均居全国首位，乳制品制造是全省食品工业第五大行业。三鹿事件后，按照《国务院办公厅关于进一步加强乳品质量安全工作的通知》（国办发〔2010〕42号）和《乳品质量安全监督管理条例》（中华人民共和国国务院令第536号）的要求，河北省监管部门全面加强监管，乳制品省级抽检实行全项（产品标准全部项目）、全企（全部乳制品生产企业）、全品种（生产企业所有品种）、全年（每周抽检）检验，是所有食品类别中投入最多、力度最大、密度最高的抽检品种。检验项目70多个，包括品质指标、重金属及污染物、微生物及生物毒素、食品添加剂及营养强化剂、三聚氰胺等。截至2014年底，河北省乳制品生产企业产品已连续4年未检出三聚氰胺，未检出超范围、超限量使用食品添加剂现象，乳制品抽检合格率保持较高水平。

1. 液体乳

2011~2014年，河北省液体乳产量共计1103.49万吨，据不完全统计，四年间，河北省质量技术监督局、食品药品监管局在生产环节共抽检液体乳9059批次，平均抽检密度8.21批次/万吨（见表

12）。检验项目包括脂肪、蛋白质、非脂乳固体、酸度等品质指标，铅、砷、汞、铬等重金属，微生物，真菌毒素，食品添加剂，营养强化剂，三聚氰胺，感官，标签等。结果显示，实物质量合格9057批次，不合格2批次，四年平均实物质量合格率99.98%。实物质量不合格项目为蛋白质、脂肪、非脂乳固体，均为品质指标。不合格2批次均为灭菌乳。另有27批次标签标识不合格。河北省液体乳制造行业监督抽检实物质量合格情况如图5所示。

表12　河北省液体乳制造行业监督抽检密度

年份	2011	2012	2013	2014	合计
产量(万吨)	266.43	239.58	274.38	323.10	1103.49
抽检批次	2120	2404	2075	2460	9059
抽检密度(批次/万吨)	7.96	10.03	7.56	7.61	8.21

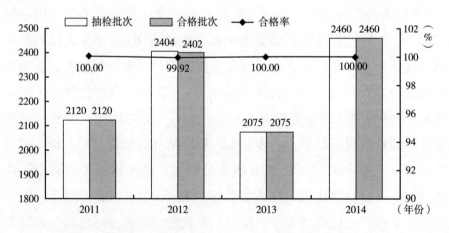

图5　河北省液体乳制造行业监督抽检实物质量合格率

2. 乳粉

2011～2014年，河北省乳粉产量共计14.67万吨。据不完全统计，四年间，河北省质量技术监督局、省食品药品监管局在生产环节共抽检乳粉 619 批次，平均抽检密度 42.19 批次/万吨。检验项目包括蛋白质、脂肪、复原乳酸度、杂质度、水分等品质指标，铅、砷、铬、亚硝酸盐等污染物，微生物，真菌毒素，食品添加剂，营养强化剂，三聚氰胺，感官，标签等。婴幼儿配方乳粉按照《食品安全国家标准婴儿配方食品》（GB10765）检验。检验项目包括蛋白质、脂肪、碳水化合物、维生素、矿物质等必需成分，胆碱、肌醇等可选择性成分，水分、灰分、杂质度等其他成分，铅、硝酸盐、亚硝酸盐等污染物，以及微生物和真菌毒素，食品添加剂和营养强化剂。结果显示，619 批次样品中，实物质量合格 617 批次，不合格 2 批次，四年平均实物质量合格率 99.68%。2 批次不合格产品的不合格项目均为脂肪含量，均系 2011 年抽检发现（见表 13 和图 6）。对河北省生产的婴幼儿配方乳粉共抽检 93 批次，实物质量合格率 100%（见表 14）。

表 13　河北省乳粉制造行业监督抽检密度

年　份	2011	2012	2013	2014	合计
产量(万吨)	2.57	2.72	3.48	4.4	13.17
抽检批次	266	167	56	130	619
抽检密度(批次/万吨)	103.50	61.40	16.09	29.55	47

表 14　河北省婴幼儿配方乳粉制造行业监督抽检实物质量合格率

单位：批次，%

项　目　年　份	2011	2012	2013	2014	合计
抽检批次	26	19	23	25	93
合格批次	26	19	23	25	93
合格率	100	100	100	100	100

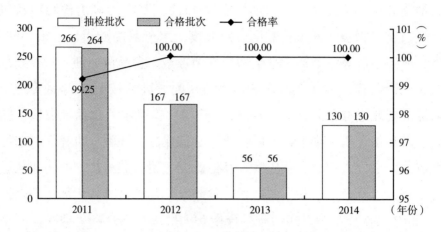

图6 河北省乳粉制造行业监督抽检实物质量合格率

3. 重点企业

截至 2014 年底，河北省拥有获得食品生产许可证的乳制品生产企业 41 家，主要包括君乐宝乳业公司所属的 6 家企业、蒙牛乳业集团除君乐宝外的 6 家企业、伊利集团的 4 家企业、三元公司的 3 家企业、完达山集团的 2 家企业和其他企业。省食品检验研究院对 2011 年以来省、市、县各级监管部门委托该院对乳制品监督抽检情况进行了汇总分析，结果显示，这些重点企业的乳制品总体质量可靠、稳定。

（六）饮料制造行业质量安全状况

饮料指经过定量包装的、供直接饮用或用水冲调饮用的、乙醇含量不超过质量分数为 0.5% 的制品，不包括饮用药品。包括瓶（桶）装饮用水类、果汁和蔬菜汁类、蛋白饮料类、碳酸饮料（汽水）类、茶饮料类、固体饮料类及其他饮料类。

饮料检验项目涉及电导率、蛋白质、茶多酚等不同饮料品质指标，铅等重金属指标，菌落总数、大肠菌群、霉菌等微生物指标，防腐剂、甜味剂、着色剂等食品添加剂指标。

饮料制造是河北省食品工业第六大行业。特别是植物蛋白饮料在全国占重要地位。近年来,省质量技术监督局、省食品药品监管局加强了对饮料制造行业的抽样检验。据不完全统计,2010～2014年,省质量技术监督局、省食品药品监管局共对饮料行业抽检1544批次,其间,全省饮料产量1642.14万吨,平均抽检密度0.94批次/万吨。结果表明,实物质量合格率均在91%以上(见表15和图7)。

表15 河北省饮料制造行业抽检监测密度

项目 \ 年份	2010	2011	2012	2013	2014	合计
产量(万吨)	202.89	267.73	308.52	374.2	488.8	1642.14
抽检批次	74	687	335	222	226	1544
抽检密度(批次/万吨)	0.36	2.57	1.09	0.59	0.46	0.94

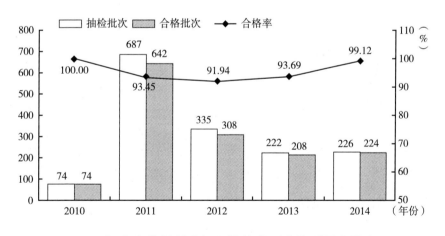

图7 河北省饮料制造行业抽检监测实物质量合格率

饮料抽检主要不合格项目为菌落总数。68批次菌落总数批次不合格饮料中,66批次是桶装水。桶装水微生物超标的主要原因有:管道、容器、过滤器、桶、盖的清洗消毒不彻底,灌装空气消毒不规

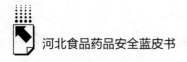

范，桶与盖密封不合格，水体消毒不达标等（见表16）。

饮料抽检的另一个排名靠前的不合格项目为电导率，涉及10批次饮用纯净水。电导率超标说明水中的导电性物质超标。纯净水的加工经过水源水的粗滤、精滤、去离子净化（离子交换、反渗透、蒸馏）等步骤，将水源水中含有的导电性成分过滤掉，从而达到"纯净"。过滤系统失效、反渗透膜更换不及时等都可能造成水中电导率超标。

表16　河北省饮料制造行业抽检监测不合格项目分布

单位：批次

年份	菌落总数	电导率	亚硝酸盐	果汁含量	二氧化碳气含量	PH值	茶多酚	总酸	甜味剂	蛋白质	溶解性总固体	合计
2010	—	—	—	—	—	—	—	—	—	—	—	0
2011	34	5	—	—	2	2	1	1	3	—	—	48
2012	22	3	—	—	—	—	—	—	1	1	1	28
2013	10	2	1	1	—	—	—	—	—	—	—	14
2014	2	—	—	—	—	—	—	—	—	—	—	2
合计	68	10	1	1	2	2	1	1	4	1	1	92

饮料制造行业重点企业河北养元智汇饮品股份有限公司、河北承德露露股份有限公司的主要产品均为植物蛋白饮料，近年来产品抽检监测合格率在行业领先。

（七）酒的制造行业质量安全状况

酒的制造主要包括白酒制造、啤酒制造、葡萄酒制造，是河北省食品工业第七大行业。河北省白酒、啤酒、葡萄酒生产均有一定规模。抽检监测数据显示，近年来，河北省酒的制造行业合格率总体保持较高水平。

1. 总体抽检监测情况

据不完全统计，2010～2014 年，河北省质量技术监督局、省食品药品监管局共对酒的制造行业抽检监测 1681 批次，结果显示，实物质量合格 1598 批次，不合格 83 批次，实物质量合格率 95.06%（见表 17）。

表 17　河北省酒的制造行业抽检监测实物质量合格率

单位：批次，%

项目 \ 年份	2010	2011	2012	2013	2014	合计
抽检批次	289	269	555	178	390	1681
合格批次	283	260	507	167	381	1598
合格率	97.92	96.65	91.35	93.82	97.69	95.06

2. 白酒制造行业

白酒检验项目主要包括酒精度、总酸、总酯、乙酸乙酯、己酸乙酯、固形物等品质指标，甲醇、铅等污染物指标，糖精钠、甜蜜素、安赛蜜等甜味剂，邻苯二甲酸酯类塑化剂等（见表 18 和图 8）。

表 18　河北省白酒制造行业抽检监测密度

项目 \ 年份	2010	2011	2012	2013	2014	合计
产量（万千升）	26.14	27.39	29.08	27.7	29.4	139.71
抽检批次	118	199	295	86	224	922
抽检密度（批次/万千升）	4.51	7.27	10.14	3.10	7.62	6.60

白酒主要不合格项目是塑化剂、酒精度、总酸、总酯、己酸乙酯。塑化剂超标主要是外购基酒带入或塑料材质的生产管路、包装材料中塑化剂成分迁移所致，未发现人为添加问题。酒精度是指 100mL

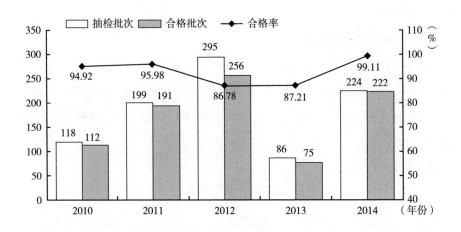

图8 河北省白酒制造行业抽检监测实物质量合格率

饮料酒中含有乙醇（酒精）的毫升数，酒精度数与实际不符主要是企业勾调时控制不好造成的。总酸是白酒中各种酸类的总和，对白酒口感产生积极作用。己酸乙酯是浓香型白酒重要的特征成分之一，是其主要呈香物质。总酯是白酒中所有酯类芳香物的总和，是形成白酒香气的成分。总酸、总酯、己酸乙酯不合格主要是白酒生产过程控制不严造成的（见表19）。

表19 河北省白酒制造行业抽检监测不合格项目分布

单位：批次

项目名称	塑化剂	酒精度	固形物	己酸乙酯	乙酸乙酯	总酸	总酯	合计
2010 年	—	3	1	1	—	2	—	7
2011 年	—	4	—	3	—	1	2	10
2012 年	29	5	—	3	1	1	4	43
2013 年	8	1	—	—	—	1	1	11
2014 年	—	1	—	—	—	1	—	2
合 计	37	14	1	7	1	6	7	73

酒类重点生产企业河北衡水老白干酿酒（集团）有限公司、承德避暑山庄企业集团有限责任公司、承德乾隆醉酒业有限责任公司抽检监测合格率在行业领先。

3. 啤酒制造行业

啤酒检验项目主要包括酒精度、原麦汁浓度、双乙酰、蔗糖转化酶活性等品质指标，甲醛、铅及微生物等污染物，二氧化硫等食品添加剂（见表 20 和图 9）。

表 20　河北省啤酒制造行业抽检监测密度

项　目　＼　年　份	2010	2011	2012	2013	2014	合计
产量(万千升)	134.44	160.26	157.40	156.6	165.7	774.4
抽检批次	11	70	54	81	41	257
抽检密度(批次/万千升)	0.08	0.44	0.34	0.52	0.25	0.33

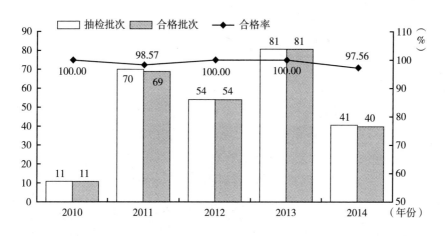

图 9　河北省啤酒制造行业抽检监测实物质量合格率

2011 年啤酒 1 批次不合格系双乙酰含量超标。双乙酰是啤酒发酵过程中的副产物，啤酒中双乙酰含量的高低与其生产过程的控制密

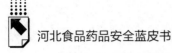

切相关，造成产品不合格的原因主要是发酵周期不够。另外，灌装过程进入了空气也会导致双乙酰偏高。2014 年 1 批次不合格系原麦汁浓度不合格。

4. 葡萄酒制造行业

河北省葡萄酒产量居全国前列，张家口怀涿盆地、秦皇岛昌黎区域的气候、自然环境适宜酿酒葡萄生长，具有发展葡萄酒产业的天然优势。葡萄酒主要检验酒精度、干浸出物等品质指标，甲醇、微生物等污染物，防腐剂、甜味剂、着色剂等食品添加剂（见表21 至表23）。

表21　河北省葡萄酒制造行业抽检监测密度

项　目 ＼ 年份	2010	2011	2012	2013	2014	合计
产量（万千升）	9.95	9.39	10.58	6.5	6.7	43.12
抽检批次	160	0	206	11	84	461
抽检密度（批次/万千升）	16.08	—	19.47	1.69	12.54	10.69

表22　河北省葡萄酒制造行业抽检监测实物质量合格率

单位：批次，%

项　目 ＼ 年份	2010	2011	2012	2013	2014	合计
抽检批次	160	—	206	11	84	461
合格批次	160	—	197	11	82	450
合格率	100	—	95.63	100	97.62	97.61

表23　河北省葡萄酒制造行业不合格项目分布

项目	铁	干浸出物	菌落总数	甜蜜素	合计
2010 年	—	—	—	—	—
2011 年	—	—	—	—	—
2012 年	1	1	7	—	9
2013 年	—	—	—	—	—
2014 年	—	—	—	2	2
合　计	1	1	7	2	11

葡萄酒制造行业重点企业中国长城葡萄酒有限公司、中粮华夏长城葡萄酒有限公司等河北省重点企业产品抽检监测合格率行业领先。

（八）方便食品制造行业质量安全状况

方便食品主要包括方便面及方便米饭、方便粥等其他方便食品制造。河北省主要是方便面制造。方便面检验项目包括酸价、过氧化值等品质指标，重金属铅，菌落总数、大肠菌群等微生物指标，丁基羟基茴香醚（BHA）、二丁基羟基甲苯（BHT）、特丁基对苯二酚（TBHQ）等抗氧化剂指标。其他方便食品检验项目除重金属、微生物、酸价、过氧化值外，还包括防腐剂、甜味剂、着色剂指标。

方便食品制造是河北省食品工业第八大行业。河北省方便面制造在全国占有重要地位，2014 年方便面产量居全国第 2 位。据不完全统计，2010～2014 年，河北省质量技术监督局、省食品药品监管局共对以方便面为主的方便食品抽检监测 139 个批次，其间河北省方便面产量 533.81 万吨，平均抽检密度 0.26 批次/万吨。抽检结果显示，实物质量合格 126 批次，总体实物质量合格率 90.65%（见表 24 和表 25）。

表 24　河北省方便面制造行业抽检密度

项目 ＼ 年份	2010	2011	2012	2013	2014	合计
产量（万吨）	76.86	101.26	103.79	123.9	128.0	533.81
抽检批次	26	43	17	39	14	139
抽检密度（批次/万吨）	0.34	0.42	0.16	0.31	0.11	0.26

注：2010 年、2011 年抽检批次中含其他方便食品。

表 25　河北省方便面制造行业抽检监测实物质量合格率

单位：批次，%

项目 ＼ 年份	2010	2011	2012	2013	2014	合计
抽检批次	26	43	17	39	14	139
合格批次	26	34	17	36	13	126
合格率	100	79.07	100	92.31	92.86	90.65

注：2010 年、2011 年合格率为方便食品。

实物质量不合格项目主要为微生物指标菌落总数、大肠菌群等，另外还有羰基价、甜蜜素（见表26）。方便食品制造行业重点企业今麦郎食品有限公司、高碑店白象食品有限公司、河北香道食品有限公司等企业产品抽检监测合格率在行业领先。

表 26　河北省方便面制造行业抽检监测不合格项目分布

年份	菌落总数	大肠菌群	羰基价	甜蜜素	合计
2010	—	—	—	—	—
2011	5	2	—	2	9
2012	—	—	—	—	—
2013	1	—	2	—	3
2014	1	—	—	—	1
合　计	7	2	2	2	13

注：2010 年、2011 年不合格项目为方便食品。

（九）河北省食品工业标签抽检情况

与产品实物质量合格率较高形成鲜明对比的是，河北省食品工业标签监督抽检合格率明显偏低。据统计，2010～2014 年，河北省食品工业标签抽检合格率一直低于实物质量合格率（见图10）。

食品标签是向消费者传递信息、介绍商品特征和性能的主要方式，

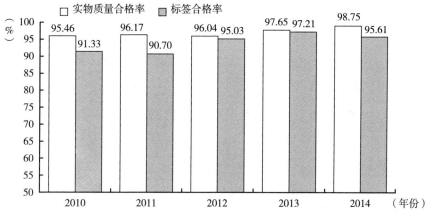

图10　河北省食品工业实物质量合格率与标签合格率对比

是食品生产者对消费者的承诺，随着市场经济的发展，标签已成为公平
交易和商品竞争的重要形式。根据《预包装食品标签通则》（GB 7718 -
2011），直接向消费者提供的预包装食品标签标示应包括食品名称、配料
表、净含量和规格、生产者和（或）经销者的名称、地址和联系方式、
生产日期和保质期、贮存条件、食品生产许可证编号、产品标准代号及
其他需要标示的内容，并规定各种配料应按制造或加工食品时加入量的
递减顺序一一排列；加入量不超过2%的配料可以不按递减顺序排列。标
签不合格的主要原因：一是未标注或错误标注产品产地、加工方式和加
工工艺、贮藏条件、净含量和产品保质期、联系方式；二是标注作废或
错误的产品执行标准；三是标注的食品添加剂内容不全，产品中检出未
标注的食品添加剂；四是明示有保健作用；五是未使用规范汉字。

三　河北省食品工业发展形势

（一）河北省食品工业发展优势

1. 食品工业是永远的朝阳产业

一是原料永不枯竭。食品原料多数来源于种植业、养殖业、渔业，都是可再生资源，可以日复一日、年复一年持续供应。二是食品必须源源不断补充。食品没有普通产品的生命周期，而是和人类社会生存发展相伴相随。随着时代发展和科技进步，一些行业逐渐衰落、消失，但食品工业在国民经济中始终占据重要位置，是常青产业。

2. 在经济全球化、农业产业化、全面建设小康社会的今天，食品工业面临新的发展机遇

一是食品工业总体发展空间依然巨大。随着我国经济的进一步发展和人民生活水平的提高，消费者必将对食品提出更高的要求，比如品种更丰富、更方便、更健康、更安全等。食品工业还将有很大的发展空间。二是绿色食品、有机食品成为食品消费主旋律。随着健康意识、环保意识的增强，人们更加注重消费无污染的绿色食品、有机食品。三是加工精细化、食品标准化已经成为食品加工业发展的方向。加工程度反映了产业科技水平的高低，也直接体现经济效益的产出能力。综合利用程度越高，附加值就越高。未来食品产业竞争的核心在加工规模和科技水平方面，通过实现规模经济和核心竞争力获得更大的市场份额。四是食品安全已经成为食品产业持续健康发展的前提和基础。恩格尔系数是指食品方面支出占个人消费总支出的比重。随着家庭和个人收入的提高，收入中用于食品方面的支出比例逐步缩小。根据联合国粮农组织的标准划分，恩格尔系数在60%以上为贫困，50%～59%为温饱，40%～49%为小康，30%～39%为富裕，30%以下为最富裕。据分析，恩格尔系数在50%以上时，人们关心的是食品数量。恩格尔系数50%以下时，人们开始关心食品质量和安全营养。中国城乡（城镇、农村）居民家庭恩格尔系数在2000年前后，全面降至50%以下。从那时起，食品安全越来越引起普通百姓的关注。近年来，食品安全已经成为国内众多食品企业必须面对的门槛。2004年阜阳劣质奶粉事件，是食品安全风险第一次在全国范围爆发。劣质奶粉导致12名婴幼儿死亡，全国40家乳粉企业名列劣质奶粉生产企业黑名单。2008 年，三聚氰胺乳粉事件是食品安全风险第二次在全国范围爆发。三鹿、蒙牛、伊利、光明等国内众多骨干乳粉企业无一例外，产品中全部检出三聚氰胺。婴幼儿配方乳粉全国产销量第一的三鹿集团，一夜之间破产倒闭。2011 年 4 月，同样闻名全国的双汇集团，因为瘦肉精事件，短短几个月，生产经营遭受巨大损失。在国外，食品安全正成为重要的国际贸易技术壁垒。美国 FDA 每年扣留大量不合乎要求的货物，多数是食品。欧盟、日本制定了一系列的食品贸易法规，食品的药残及有害物质门槛越来越高，检测项目越来越多，残留量要求越来越低。国外对出口企业的监管越来越严格。

3. 河北省食品工业具有得天独厚的优势

一是具有资源优势。河北是农业大省，肉、蛋、奶、粮食、蔬菜、果品等主要农产品产量均居全国前列，而且具有多种区域特色农产品，如唐山的板栗、沧州的小枣、承德的山楂等，丰富多样的农产品资源为食品工业提供了充足的原料。二是具有区位优势。河北环绕京津，各设区市均有高速公路与京津相连，运输距离近、交通方便、成本优势明显。北京、天津都是人口超千万的特大型城市，人口高度集中、食品消费水平高、购买力强、需求量大。中国农业大学、天津科技大学等高水平的具有与食品相关的专业的院校和科研院所众多，可以为食品工业发展提供重要的技术和人才支撑。在京津冀一体化的大背景下，河北的食品原料资源、具有一定规模的食品工业基础一旦与京津的科技人才、先进技术和巨大市场需求相结合，必将为河北食品工业发展提供巨大的机遇。

（二）河北食品工业发展面临的主要问题

1. 产业结构、企业结构不合理

食品工业仍是"主食型"结构，主导产业仍是以原始的米面、粮油加工为主，总体生产力水平不高，精加工的比重小，主要特点是初级、粗放、低档产品多，高级、精细、深加工产品少，产品附加值低。一是产业结构以低端为主。农副食品加工业，食品制造业，酒、饮料和精制茶制造业三大类别中，河北省主要是加工程度较低的农副食品加工业。以2014年的数据为例，农副食品加工业拥有规模以上企业601家，占全部规模以上食品工业企业总数的57.29%，完成主营业务收入1742.5亿元，占全部规模以上食品工业企业主营业务收入的55.52%。河北省食品工业规模排名前4位的支柱行业全部为农副食品加工业。二是企业结构以小型为主。河北省食品工业发证企业共5326家，其中绝大多数是中小企业，另外还有近万家食品加工小作坊。相当数量的小企业、小作坊生产设备简陋，有的完全靠手工操作，加工工艺简单，产品技术含量不高。相当数量的生产企业不具备产品检验能力。有的地方虽然建立了集中生产区，但生产区内缺乏龙头企业，多数是一群小企业低水平集聚、低水平竞争。

2. 重发展、轻安全的问题在一些地方依然存在

突出表现在，一些地方政府包括部分监管部门，重视保护当地企业发展，忽视消费者健康权益。对当地食品产业保护多、监管少；扶持企业做大做强的措施多，规范企业生产经营行为的措施少；质量安全问题事后查处多，主动巡查发现少。在监管实践中，"重审批、轻监管""重城市、轻农村""重罚款、轻整改"，对容易监管或"有利可图"的监管对象争着管，对难管或"无利可图"的监管对象相互推诿。发现挖掘食品安全违法案件信息来源不够宽，群众举报渠道不够通畅，查处食品安全违法犯罪案件不坚决。

3. 企业质量安全意识不到位，缺乏有效的行业自律机制

相当数量企业的食品安全管理制度不健全，有的虽有制度，但形同虚设。有的企业生产环境脏乱差、卫生不达标，从业人员健康管理、教育培训、进货索证索票、质量查验、生产过程控制、出厂检验制度落实不到位，甚至在食品中非法添加国家严令禁止的有毒有害物质，超范围、超剂量使用食品添加剂，使用病害肉、有问题的原料加工食品，掺杂使假、假冒仿冒、虚假标注、三无食品等。省内虽然成立了河北省食品工业协会，河北省乳品协会、白酒协会等一些行业组织，但这些行业组织多数源于原政府工业管理部门，自发形成的不多；协会工作人员以原政府部门离退休人员为主，工作主动性不足，在行业内的影响力差，对违法违规企业缺乏制约手段，不具备约束效力，食品安全行业自律机制尚未真正形成。

4. 个别品种的质量安全问题仍较突出

一是粉丝粉条问题。粉丝粉条是群众举报较多和抽检监测发现问题较多的品种。主要表现为：掺杂使假，用木薯淀粉作为原料加工红薯粉条、绿豆粉条；为增加韧性过量添加明矾，导致粉丝粉条铝含量超标，2014年上半年河北省食品药品监督管理局对秦皇岛、石家庄、张家口、承德、衡水等5个设区市生产的粉丝粉条风险监测发现，76例样品中全部检出铝，最高931mg/kg，以200mg/kg的标准计，仍有相当数量的样品超标。二是酒类、食用植物油塑化剂超标。在2014年国家食药监总局及省食药监局部署的抽检监测中，酒类、食用植物油塑化剂超标问题仍时有发生。白酒塑化剂超标主要原因是外购基酒带入、灌装设备中塑料部件迁移。食用植物油塑化剂超标主要是小品种植物油。包括核桃油、香油和葡萄籽油，由于企业生产规模小、工艺落后，这些小品种油中出现塑化剂污染的可能性极大，存在一定的风险隐患。三是无证生产销售枣酒。发现个别地方不仅存在无证生产、销售枣酒问题，且其产品中甲醇含量严重超标，个别产品塑化剂超标，存在较大安全隐患。四是一些小作坊生产加工的羊肉片、羊肉卷掺假问题。抽检监测和公安部门侦办的案件显示，在个别地方的小作坊，仍存在羊肉片、羊肉卷掺假问题，主要是掺入鸭肉，以降低成本。五是酱油质量不达标问题。

质量不达标主要是在酱油酿造过程中使用劣质原料或以配制冒充酿造导致的氨基酸态氮指标不合格。

四　食品工业质量安全工作建议

（一）进一步理顺管理体制，建立长期固定、权责明确、权威高效的食品工业质量安全监管机构和一支相对稳定、高素质、高水平的监管队伍

2003 年以来，河北省委、省政府就加强食品安全监管采取了一系列措施，理顺管理体制是各项工作措施的重中之重。从那时起，河北省食品安全监管机构和监管职能已经历了 4 次调整，理顺管理体制的任务已经基本完成。2003 年开始第一次调整，食品工业质量安全监管职能由质量技术监督部门负责生产许可、卫生部门负责卫生许可、工商部门负责营业执照的老三家共管模式调整为取消卫生部门的卫生许可，由质监、工商部门分别负责生产许可和营业执照，食品药品监督管理部门负责综合协调的新三家共管模式。2009 年第二次调整，食品药品监督管理部门不再负责综合协调，改由卫生部门承担。2011 年第三次调整，成立河北省政府食品安全办公室，具体承担全省食品安全综合协调和监督职责，卫生部门不再承担综合协调任务。2013 年第四次调整，除食品相关产品、食品广告外，质量技术监督、工商部门不再承担食品安全监管职责，河北省政府食品安全办公室和省食品药品监管局合并成立新的省食品药品监管局，加挂河北省政府食品安全委员会办公室牌子，新成立的省食品药品监管局统一负责对食品工业、流通、餐饮环节的监管，负责全省食品安全工作的综合协调。现有的管理体制借鉴了美国 FDA 相对集中的成功监管模式，除食用农产品的种植、养殖环节外，食品安全监管职能基本由食品药品监管局一家承担，较好地解决了长期以来多头

监管带来的弊端。但2003年以来的几次食品安全管理机构改革、职能调整客观上也带来了监管工作的波动、断档和监管人员队伍流失，形成了一定时期内监管力量的削弱。同时，管理机构长期不稳定，客观上也影响监管人员的思想，难免出现短期行为和应付心态。现有的食品药品监督管理局牵头负责管理，既统揽食品生产、流通、餐饮环节监管，解决了多头管理弊端，又集中于对食品、药品两类产品监管，符合按产品监管的精细化管理原则。在这种情况下，应从省委、省政府层面尽快明确河北省省级食品安全机构改革工作任务已经基本完成，现有模式将在较长的时期保持不变，省级食品安全工作重点将由管理体制改革转移到加强监管、加强队伍建设上，以此稳定全省监管队伍的改革预期。同时，加快推动市县两级食品安全监管机构改革，将市县质量技术监督、工商部门的监管职能、人员队伍尽快划转到食品药品监管部门，理顺市县两级体制上的不顺，形成全省统一的食品安全监管队伍。

（二）建立分品种监管制度，推动抽检监测工作持续、均衡、精细化开展

食品安全监管要紧密结合河北省食品产业结构特点展开，重点加强河北省食品工业骨干行业的监督管理，做好骨干行业的保驾护航工作，确保骨干行业不发生行业性、系统性食品安全风险，推动骨干行业持续稳定健康发展，提升行业竞争力。要重点加强对食用植物油加工、屠宰及肉类加工、淀粉及淀粉制品制造、粮食加工、乳制品制造、酒类制造、饮料制造、方便食品制造等8个骨干行业的监管。一是抽检监测的计划安排要考虑不同行业的规模，抽检监测力度要与产品产量、行业规模相适应。对食用植物油、小麦粉、乳制品、方便面、葡萄酒、植物蛋白饮料等河北省食品工业骨干行业，抽检监测必须始终保持一定频次、密度，始终保持抽检监测的连续性、系统性、

均衡性。发挥好抽检监测的防火墙作用，确保一旦出现质量问题，能及时发现，及时采取措施，确保不发生行业性、大范围、毁灭性的质量安全事故。二是建立分品种的质量安全状况档案，长期跟踪、连续监控重点品种的质量安全状况。建立重点品种连续抽检监测制度，加强分品种的抽检监测数据汇总、分析，跟踪不同检验项目的指标水平，适时调整不同项目的检验频次，加大不合格项目、重点风险项目的检验力度，提高抽检监测资金的使用效率。三是把好大型骨干企业、龙头企业的产品质量关。要充分汲取三鹿事件的教训，确保大企业不发生重大质量安全事故。在食品安全工作中，坚决防止"重小轻大""抓小放大"的错误倾向，不能被大企业的气派厂房、现代化生产设备所迷惑，严格按制度开展巡查、组织抽检监测，对大企业的产品决不能少抽、少检，更不能免抽免检。四是加强对食品小品种、食品加工小作坊的监管，消除食品安全的薄弱环节和短板。要针对当前河北省食品工业主导产品、大宗产品、大中型企业质量状况水平较高，枣酒、蜜饯、芝麻油等小品种、加工小作坊质量安全水平相对较低、问题相对较多的实际情况，采取切实有力的措施，切实加强对食品小品种、加工小作坊的监管。重点要加大对食品小品种、加工小作坊产品的抽检监测力度，发现不合格产品，及时查处，认真监督整改。经过整改仍不能达到要求的，要依法停业整顿，直至取缔。

（三）建立健全食品安全风险防控体系，提高食品产业风险管理水平

食品安全监管本质上是风险管理，要通过早期介入、风险防控、全程跟踪，把问题消灭在萌芽状态。当前全省食品安全形势依然复杂严峻，风险高发和矛盾凸显的阶段性特征仍然明显，食品安全未知风险、人为风险、衍生风险交织共存，对监管工作不断提出新的挑战。要认真贯彻"预防为主"的工作方针，牢固树立"隐患险于明火，

防范胜于救灾"的监管理念，进一步完善各项隐患排查制度，实现隐患排查治理常态化、制度化、规范化。一是定期开展隐患排查。通过定期集中排查、分析研判，及时发现新的苗头性隐患，掌握隐患变化情况，实现对食品药品安全隐患总体状况的动态监控。二是实行隐患台账登记。逐单位、逐场所记录发现的安全隐患和整改处置意见，形成台账和档案，作为实施分级分类监管的重要依据。三是定期开展风险会商。对隐患信息进行集体分析研判，确定风险程度和防控措施。四是强化隐患跟踪整改。明确隐患责任人和整改内容、标准、期限，跟踪监督整改过程，对整改效果进行验收。五是落实重大隐患报告制度。食品安全隐患实行分级管理，对区域性、行业性隐患或可能引发重大安全事故的隐患要及时向当地政府和上级主管部门报告。食品安全隐患是长期反复存在的，我们必须牢固树立长期作战的思想，反复抓，抓反复，通过排查、治理、再排查、再治理的循环往复，不断改进提升食品安全保障水平。

（四）开展食品安全示范园区创建活动，推动食品集中生产区产业升级和质量安全水平的提高

集中生产区是目前河北省食品工业的重要业态。据不完全统计，河北省现有各类食品相对集中生产区域42个，食品集中生产区已经成为推进农副产品深加工、发展地方经济和河北省食品工业的重要力量，成为河北省食品工业产业集群的基础。但除少数食品工业园区外，河北省多数现有集中生产区仍处于初级发展阶段。主要表现为规模较小，缺乏辐射力强、带动作用突出的龙头企业。技术水平不高，低水平重复建设突出，同质化无序竞争激烈，缺乏核心竞争力。发展方式粗放，多数属资源型、劳动密集型传统产业，高新技术型集群较少。聚集效应不强，企业关联度较低，没有形成协作体系，尚未形成分工合理、上中下游完整的产业链条。这种低端发展

模式在一定程度上制约了创新因素的集聚和竞争能力的提升，抑制了集群效应的充分释放，也是食品安全事件的易发、高发区。要以国家产业政策为导向，坚持科学规划、特色发展、质量为本、集约经营的集中生产区发展方针，突出区域特色，完善集中生产区设施，推动集中生产区内企业规模扩大、技术升级、产品上档，引导产业集聚发展；加强区域品牌、企业品牌建设，强化生产要素平台建设，提升产销互动发展水平；提高食品集中生产区的比较优势，发展集群竞争力，促进食品产业集中生产区向现代化产业集群发展，全面提升食品安全保障能力。

（五）加强食品安全法律法规宣传、教育和培训，树立良好的行业风尚

真正安全放心的食品是靠食品生产者的双手、靠食品生产者的责任、靠食品生产者的良心生产加工出来的。这里，食品生产者的主动性、积极性是内因，管理者的监管是外因。没有食品生产者的主动性，没有食品生产者的配合，仅靠监管难以达到理想效果。食品安全是食品企业生存、发展的基础，也是市场的通行证。食品企业长期生存、持续发展，重要的并不是技术先进，而是诚信可靠；重要的不是经营智慧，而是踏实本分。只要本本分分做企业，企业就一定能持久。要进一步加强对食品生产者、从业人员食品安全法律法规的宣传教育和培训，要让食品生产者、从业人员知法、懂法，这是从事食品生产的基础条件。一是要建立全员培训制度。要按照国务院食品办印发的《食品安全宣传教育工作纲要（2011～2015年)》要求，严格落实"先培训、后上岗"的制度，未经培训合格，不得从事食品生产活动。严格落实在岗培训制度，食品生产单位负责人和主要从业人员每人每年接受食品安全法律法规、科学知识和行业道德伦理等方面的集中培训不得少于40小时，达不到要求的，必须脱岗培训，培训工作要讲求实效，培考结合，严防走过场。二是培训内容要突出基本法、相关刑事法、通用卫生要求三方面内容。基本法即《食品安全法》，相关刑事法主要包括《中华人民共和国刑法修正案（八）》对生产销售不符合食品安全（原为"卫生"）标准食品罪、生产销售有毒有害食品罪的修正，以及2013年4月28日《最高人民法院、最高人民检察院关于办理危害食品安全刑事案件适用法律若干问题的解释（22条）》，其中包括适用以下罪名的解释：①不符合食品安全标准的食品罪；②生产销售有毒有害食品罪；③滥用食品添加剂、农兽药的定罪；④掺入有毒有害非食品原料、禁用农兽药、禁用药物的定罪；⑤生产不符合食品安全标准的食品添加剂、相关产品的定罪；⑥生产销售非食品原料、农兽药、饲料及饲料添加剂的定罪；⑦多种罪名的处罚；⑧共犯定罪。通用卫生要求主要是《食品企业通用卫生规范》（GB 14881－2013），这是规范食品生产行为、防止食品生产过程的各种污染、生产安全且适宜食用食品的基础性食品安全国家标准。该规范从食品生产企业选址及厂区环境，厂房和车间，设施与设备，卫生管理，食品原料、食品添加剂和食品相关产品，生产过程的食品安全控制，检验，食品的贮存和运输，产品召回管理，培训，管理制度和人员，记录和文件管理等各个方面提出了要求，是食品企业从事生产活动的重要遵循。

（六）加强名优食品宣传，重塑河北食品形象

河北省是食品安全曝光事件的重灾区，近年来，媒体先后曝光了石家庄、保定的红心鸭蛋，石家庄新乐的黑心肉，三鹿集团的三聚氰胺奶粉，等等。媒体每一次曝光，对行业和企业都是一次冲击，对监管工作都是一次推进，也促进了行业的重新洗牌。媒体曝光真实地反映了当时河北省相关食品的真实质量状况，在揭开行业黑幕、让消费者了解真实情况、倒逼企业自律、推动政府加强监管方面起到了重要作用。但媒体的反复曝光，客观上也使人们对国产食品的质量安全状况产生怀疑，形

成国产食品质量不过关、不安全、不可靠的印象，对国产品牌产生信任危机。前段时间进口乳粉热销就是人们客观心态的反映。应该说，在媒体监督、社会监督下，政府监管部门持续加大监管力度，企业自身的法律法规意识、诚信意识、责任意识也有了大幅度提高，经过多年的治理整顿，河北省的食品质量安全状况整体达到较高水平，一些重点拳头产品质量状况达到了历史上的最好水平。要加大对河北名优食品的宣传、推介力度，及时公布名优食品抽检结果，树立诚实守信、合法经营、质量可靠的优秀企业典型，切实增强消费信心，重塑河北食品形象，推动河北食品产业不断开拓市场，实现持续稳定健康发展。

河北省流通消费环节食品安全
监管及对策建议

石马杰　韩少雄　郑俊杰　张新波*

摘　要：　近年来，河北省不断强化对流通消费环节的监管，严格市场准入，深入开展隐患排查，持续开展专项整治，不断加大监督抽检力度，重拳打击食品安全违法违规行为，全省食品流通消费环节经营秩序平稳有序，安全形势总体良好。但食品流通消费环节仍存在无证经营、滥用添加剂、非法添加非食用物质、经营场所不卫生、食品腐败变质等问题，部分地区违法案件仍有发生。针对当前存在的问题，本文提出了进一步完善监管体系、提升食品安全监管能力等对策建议。

关键词：　食品　流通消费　质量监管　安全控制

　　食品流通消费环节是食品进入千家万户的最后环节，也是与消费者联系最紧密的环节。按照省委省政府部署，2014年河北省食品药品监督管理局不断强化监管，进一步严格市场准入，深入开展隐患排查，持续进行专项整治，严肃查处违法案件，监管制度进一步完善，全省食品流通和餐饮消费环节经营秩序平稳有序，未发生重大食品安全事故，食品安全形势总体良好。

---

* 石马杰、韩少雄、郑俊杰、张新波，河北省食品药品监督管理局工作人员。

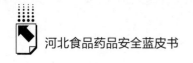

一 流通消费环节日常监管

2014 年，各级食品药品监管部门进一步强化了食品市场和餐饮单位日常监管，不断加大监督检查力度，严把食品经营主体准入关，严格监管食品质量，切实规范经营行为，日常监管的针对性和有效性不断提升。

（一）市场主体准入管理

河北省食品药品监管局印发了《关于做好机构改革期间食品流通许可证印制发放工作的通知》（冀食药监食流〔2014〕119 号），要求严把机构改革期间市场主体准入关，进一步规范食品流通许可证发放。对不符合法定要求和发证条件的，依法予以注销和撤销；对条件较差的食品经营者，责令其停业整顿。按照国务院《关于取消和调整一批行政审批项目等事项的决定》（国发〔2014〕50 号）要求，河北省食品药品监管局印发了《关于调整我省食品流通许可发放审查事项的通知》（冀食药监食流〔2014〕452 号），就食品流通许可工商登记前置审批事项调整为后置审批提出了具体工作要求。截至2014 年底，河北省获得食品流通许可的食品流通经营单位有 27.07万家，其中批发单位为 2768 家、零售单位为 23.06 万家、批发兼零售单位为 3.74 万家（见图 1）。

（二）餐饮单位许可和量化分级

1. 许可情况

截至2014 年底，河北省持证餐饮服务单位共计 76231 家。其中，各类餐馆有 63798 家，占全部餐饮服务单位的 83.69%；集体食堂有12373 家，占全部餐饮服务单位的 16.23%；中央厨房有 30 家，占全

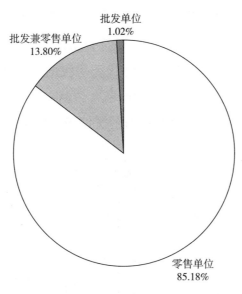

图1　2014年河北省食品经营许可情况

部餐饮服务单位的0.04%；集体用餐配送单位有30家，占全部餐饮服务单位的0.04%（见图2）。

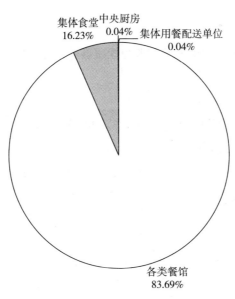

图2　2014年河北省餐饮服务许可情况

2. 量化分级管理

截至 2014 年底，河北省首次对符合条件的 63453 户餐饮服务单位评定了年度食品安全等级，获评优秀等级的有 2405 户、良好等级的有 29040 户、一般等级的有 31969 户（见图 3）。2014 年 7 月和 12月对全省年度食品安全等级为优秀的餐饮服务单位进行了集中公示。

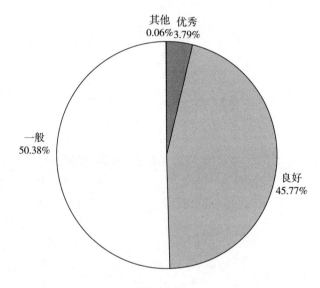

图 3　2014 年河北省餐饮服务业量化分级情况

3. "明厨亮灶"工作

2014 年，按照国家食品药品监管总局工作部署，河北省食品药品监管局制定了《河北省"明厨亮灶"工作实施方案》，在全省餐饮服务行业全面推行"明厨亮灶"。鼓励倡导餐饮服务单位将操作间、凉菜间、洗消间等关键部位直接或以视频方式展示给消费者，餐饮加工过程"阳光操作"，打造"透明厨房"，方便消费者监督，倒逼经营者自律。计划 2014 年开始试点，用三年时间，全省餐饮服务单位基本完成"明厨亮灶"。为推动活动开展，河北省食品药品监管局与河北电视台联合推选了首批"河北省'明厨亮灶'示范单位"，制作了16期电视新闻宣传短片。2014年，全省首批实现"明厨亮灶"的餐饮服务单位已达8384家，试点任务圆满完成。

（三）专项检查

一是餐饮消费环节开展了油条等自制面食制品专项检查。重点检查含铝食品添加剂采购、使用、保管是否规范，是否存在超范围、超剂量滥用含铝食品添加剂的行为，严肃查处餐饮单位自制面制品铝超标问题。

二是餐饮消费环节开展了高速公路服务区食品安全专项检查。与省交通运输厅联合下发了《关于切实加强高速公路服务区餐饮食品安全管理工作的通知》，进一步加强对高速公路服务区餐饮食品安全的监督检查和抽检，认真落实餐饮服务经营者食品安全主体责任，确保高速公路餐饮食品质量安全。

三是餐饮消费环节开展了冬季火锅市场专项检查。印发了《关于进一步加强冬季火锅市场餐饮食品安全监管工作的通知》，重点检查是否使用了"一滴香""飘香剂""辣椒精""火锅红"等添加剂，火锅底料是否添加罂粟壳等非食用物质，坚决杜绝使用亚硝酸盐，严厉查处使用来源不明、无检验合格报告的食用油脂，加大对火锅底料中罂粟碱、那可丁、蒂巴因、可待因和吗啡等物质的检测力度。

四是食品流通环节开展了"全统香猪油"问题产品专项清查。对我国台湾地区强冠公司使用地沟油生产的"全统香猪油"问题产品在全省范围进行清查。对使用猪油的食品要求经营者提供质量合格证明，对不能提供质量合格证明，或无法证明没有使用我国台湾地沟油的食品下架封存，问题未查明前不得销售。

五是食品流通环节开展了过期保质食品专项清查。监督经营者对超过保质期食品和回收食品加强管理，对违法销售超过保质期食品、回收食品再加工的行为依法严厉打击。

六是食品流通环节开展了"魔爽烟"类食品专项检查。"魔爽烟""魔烟"是果粉小食品，可以用香烟状的吸管吸食，长期食用会引起呼吸道和食道疾病，且对孩子有不良诱导作用。为防止此类食品对社会造成的不良影响，特别是防止对青少年身心健康造成危害，根据《国务院食品安全办、教育部、食品药品监管总局关于依法查处"魔爽烟"类食品的紧急通知》（食安办［2013］20号）精神，在全省范围对"魔爽烟"类食品进行了依法查处。

七是在食品流通和餐饮消费环节开展清真食品专项检查。会同省民族宗教部门制定了《加强清真食品监管的意见》，与省民族宗教部门联合对各地清真食品质量安全进行督导检查，严肃查处制售假冒伪劣清真食品、清真不清的违法行为，确保清真食品质量安全。

（四）监管制度建设

1. 下发《关于加强流通环节食用农产品质量安全监管工作的通知》

以省政府食品安全办公室名义下发了《关于加强流通环节食用农产品质量安全监管工作的通知》（冀食安办［2014］55号），进一步加强农业部门与食品药品监管部门监管职责衔接，严格食用农产品进入市场后的监管。一是明确各级政府属地管理责任和相关部门职责分工，减少监管盲区。二是全面实施市场准入制度。进入河北省销售的蔬菜、水果、畜禽、水产品等食用农产品，必须具备检验检疫合格证明；对检验检疫合格证明等票证不全的，实行入市检测制度。检测不合格的禁止销售。三是对食用农产品销售企业、城市市区和县城的食用农产品批发市场、大型超市、农贸市场开展自检活动提出了明确要求。

2. 制定《河北省"鲜奶吧"食品安全管理办法》

省食品药品监管局、省农业厅、省工商局联合制定了《河北省"鲜奶吧"食品安全管理办法》，明确"鲜奶吧"按饮品店进行餐饮服务许可管理，应取得《餐饮服务许可证》，许可类别为"饮品店（鲜奶吧）"；"鲜奶吧"法定代表人（负责人或业主）是食品安全第一责任人。食品药品监督管理部门负责日常监督管理工作，单独设立台账和监管档案，并依法查处违法违规行为；农牧（农业、畜牧水产）管理部门负责"奶吧"奶源质量安全监督管理工作；工商行政管理部门负责对"奶吧"核发营业执照。

3. 出台《河北省农村集体聚餐监督管理暂行规定》《重大活动餐饮服务食品安全监督管理规范实施细则》等规范性文件

《河北省农村集体聚餐监督管理暂行规定》明确了采用流动厨房模式的农村集体聚餐，流动厨房的经营者是食品安全第一责任人，自发组织的农村集体聚餐，举办者是食品安全第一责任人；农村集体聚餐实行提前报告、按规模分级管理原则；500 人以上的由各县（市、区）餐饮服务监管部门现场指导。《重大活动餐饮服务食品安全监督管理规范实施细则》明确了省、市、县级食品药品监督管理部门对重大活动餐饮服务的监管职责、监督检查方式、监督检查内容以及重大活动餐饮服务承办单位应具备的条件等。同时还印发了《河北省餐饮服务提供者食品添加剂使用备案管理办法（试行）》《河北省餐饮服务许可档案规范（试行）》，以及食品进货查验台账和留样记录样式等规范性文件。

二 流通消费环节治理整顿行动

2014 年，河北省食品药品监管局针对影响食品安全和群众反映强烈的突出问题，本着打建并举、整规结合的方针，组织开展了农村食品市场整治、餐饮消费"百日攻坚"、暑期食品安全保障、校园及其周边食品安全整治、流通环节食品标签整治等系列整治行动。

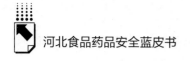

（一）农村食品市场整治行动

农村食品市场监管是食品安全监管工作的重点和难点。2014年3月6日，河北省政府食品安全办公室、河北省食品药品监管局联合印发了《河北省农村食品市场整治方案》（冀食安办〔2014〕23号），以"主体资格大清理、问题食品大清缴、收缴食品大销毁、强化自律大约谈、加强督导大联查、营造声势大宣传"等"六大"活动为重点，在全省开展农村食品市场专项整治行动。全省共检查流通环节农村食品经营者251818户，检查批发市场、集贸市场等农村各类市场10676个次，下达责令改正和行政指导建议书9600余份，规范食品经营户36455户，取缔无证经营户1396户，吊销、注销食品流通许可证1366户。共查办农村食品案件2531件，案值400.7万元，罚没金额903.6万元，捣毁制假售假窝点45个，移交公安机关案件44件，全省集中销毁各类问题食品143吨。

（二）餐饮消费"百日攻坚"行动

2014年上半年，在全省范围内开展了餐饮消费"百日攻坚"行动，围绕"清底、正容、治乱"三大目标，全面整顿餐饮消费环节食品安全。全省共出动执法人员15万余人次，检查餐饮单位8万余家，约谈9000余家，规范亮证经营、等级公示、索证索票、清洗消毒行为6万余家。

（三）暑期食品安全保障行动

针对暑期食物中毒高发特点，以餐饮消费环节为重点，在全省组织开展了暑期食品安全保障行动。河北省食品药品监督管理局会同有关部门成立了暑期食品安全保障工作领导小组，全面加强对暑期食品安全工作领导。出台了暑期食品安全保障方案，明确各部门、地方政府的责任和工作重点、工作目标。开展了暑期食品安全隐患大排查、大整治，及时消除各类食品安全隐患。对熟肉制品、水产品、凉拌菜等高风险食品以及秦皇岛、张家口、承德等避暑旅游区加强暑期食品安全监督抽检和风险监测，保证了暑期全省食品安全的形势平稳。

（四）校园及其周边食品安全整治行动

2014 年 8 月，河北省食品药品监管局与河北省教育厅联合下发了《关于加强校园及其周边食品安全工作的通知》（冀食药监餐饮〔2014〕346 号），联合开展了专项执法行动。全省共出动餐饮食品监管人员 5897 人次，检查学校食堂 8750 家，提出整改意见 2317 份，行政处罚 724 家。依法查处了"魔爽烟""湘溢园金龙鱼片""笑笑香辣棒""笑辣辣调味面""印象毛家一根筋""周扒皮""麻辣忍者"等多种假劣食品，切实维护了青少年学生身体健康。同时，编印了《河北省中小学生食品安全常识》手册，向广大师生及家长普及和宣传食品安全知识，提高了师生自我防范意识和消费维权意识。

（五）流通环节食品标签整治行动

印发了《关于开展流通环节食品标签整治工作的通知》（冀食药监食流〔2014〕136 号），按照集中整治和日常监管相结合、规范指导与清理打击相结合的原则，对白酒、婴幼儿配方食品、肉制品、粮食加工品、食用植物油等重点食品的 22 项标签违法违规行为进行了整治。

三　流通消费环节监督抽检和风险监测

（一）监督抽检

2014 年，河北省食品药品监督管理局共组织国家食品监督抽检和省本级食品监督抽检 17410 批次，其中合格 16570 批次，不合格 840 批次，监督抽检总体合格率 95.18%。其中食品流通、餐饮消费环节合格率分别为 94.61%、96.91%（见图 4）。

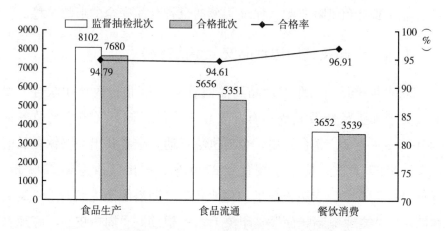

图 4 河北省食品生产、食品流通、餐饮消费环节合格率

（二）风险监测

2014 年，河北省食品药品监督管理局共组织国家食品安全风险监测和省本级食品安全风险监测 4481 批次，其中无风险样品 4115 批次，占比为 91.83%，可能存在风险的问题样品 366 批次，问题率为 8.17%。其中，食品生产环节问题样品为 33 批次，其余 333 批次均为食品流通和餐饮消费环节。

（三）监督抽检和风险监测发现的主要隐患

1. 油条等油炸面制品中超量使用明矾导致铝超标问题

河北省食品药品监督管理局组织的省本级风险监测任务中，对石家庄、保定、邢台等地销售的油条进行风险监测，发现油条铝残留超标问题比较普遍，超标样品不仅涉及早餐小摊点，还涉及品牌餐饮店。油条是普通百姓常见的早餐食品，传统工艺通常添加明矾做膨松剂，《食品添加剂使用标准》（GB2760－2014）规定油炸面制品可根据需要适量添加明矾，但手工操作非常容易添加过量，导致铝超标。

2. 市场销售的粉丝、粉条中超量使用明矾导致铝超标问题

粉条传统加工工艺通常添加微量明矾来增强韧性，提高粉条品质。2015年1月23日，《国家卫生计生委关于批准β—半乳糖苷酶为食品添加剂新品种等的公告》（2015年第1号）中，批准在粉丝粉条生产中根据需要适量使用硫酸铝钾（又名钾明矾）、硫酸铝铵（又名铵明矾），但铝的残留量不得超过200mg/kg（干样品，以Al计）。在2014年省级风险监测任务中，对秦皇岛、石家庄等地市场销售的粉丝粉条进行了风险监测，发现一些小作坊生产的粉丝、粉条中铝残留量超过200mg/kg标准的问题依然存在。

3. 市场销售的自制膨松糕点、馒头、花卷铝超标问题

《食品添加剂使用标准》（GB2760－2014）规定自制膨松糕点等焙烤食品可以添加明矾，但铝的残留量不得超过100mg/kg（干样品，以Al计）。国家卫生计生委等5部门《关于调整含铝食品添加剂使用规定的公告》（2014年第8号）规定，小麦粉及其制品［除油炸面制品、面糊（如用于鱼和禽肉的拖面糊）、裹粉、煎炸粉外］生产中不得使用硫酸铝钾和硫酸铝铵。2014年风险监测发现，自制膨松糕点等焙烤食品仍有铝超标问题，馒头等面制品也存在铝超标问题。

4. 鲜奶吧乳品存在脂肪含量不达标和微生物超标问题

2014年，河北省食品药品监督管理局对全省范围鲜奶吧产品进行监督抽检，共抽样206批次，不合格15批次，不合格率7.3%，主要发现11批次样品脂肪含量不达标，4批次菌落总数超标，不合格样品主要来自销售散装产品的奶吧。部分不合格乳品虽然脂肪含量很低，但蛋白质含量远高于国家标准要求，不符合乳品品质一般规律，不排除人为掺假问题。微生物不合格主要反映了鲜奶吧采购、操作作

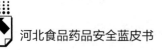

业、储存等整体环境不符合要求，问题主要集中在小型奶吧。

5. 市场销售的散装枣酒甲醇含量超标

省级风险监测任务中，在石家庄、保定西部采集散装枣酒进行检验，发现甲醇含量超标问题比较突出，超标样品甲醇含量在 2.3 ~ 4.6g/L，均超出了标准规定的 2.0g/L 的限量要求。

6. 市场、餐饮店销售的牛羊肉片存在掺假现象

省级风险监测任务中，对石家庄、保定、邢台、沧州、张家口等地流通、餐饮消费环节的牛羊肉片产品进行动物源性成分检验，其中一批样品检出鸭源成分，个别牛羊肉片未检出牛羊源成分，只检出鸭源成分。问题样品涉及食品超市、农贸市场、牛羊肉店、中小型餐馆，其中农贸市场、牛羊肉店的产品问题比例较高；羊肉片产品较牛肉片产品问题率高。

四　流通消费环节投诉举报

2014 年全省 12331 举报平台共接到关于食品方面的投诉举报 4565 件，其中反映生产环节问题的 664 件，占举报总量的 14.55%，食品流通环节 1214 件，占 26.59%，餐饮消费环节 2361 件，占 51.72%，其他环节 326 件，占 7.14%（见图 5）。

食品生产环节主要举报的是一些食品加工小作坊无证生产、滥用添加剂、非法添加非食用物质、生产场所不卫生等问题。无证生产涉及的品种主要有桶装水、粮油、饮料、调味品、糕点、枣制品、淀粉制品、豆制品、肉制品等。

食品流通环节主要举报的是经营腐败变质、油脂酸败、霉变生虫、污秽不洁、混有异物、掺杂掺假或者变质食品，食品超过保质期，无证经营，食品包装不卫生等。

餐饮消费环节主要举报的是经营腐败变质、油脂酸败、霉变生

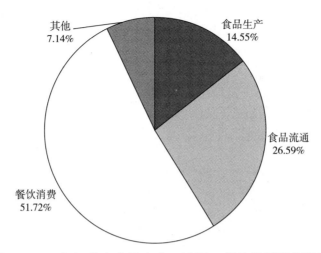

图5　2014年河北省食品生产、流通、餐饮投诉举报数量

虫、污秽不洁、混有异物、掺杂掺假或者变质食品，无证经营，卫生条件差，餐后出现腹泻等身体不适等问题。

五　流通消费环节食品安全事故

2014年，全省通过食源性疾病暴发报告系统报告食源性疾病36起，发病387人，死亡1人。其中，30~100人1起，30人以下35起。

按致病因素划分，在36起暴发中，化学性14起，占38.89%；细菌性7起，占19.44%；有毒动植物及真菌毒素6起，占16.67%；不明原因9起，占25%。14起化学性食物中毒中，由亚硝酸盐引起的13起，共发病178人，死亡1人（见图6）。

按时间分布划分，全年各季度报告起数依次为6起、7起、11起、12起。其中，四季度报告起数和发病人数最多，报告12起，占所有报告起数的33.3%，发病123人，占总发病人数的31.8%。

按场所分布划分，家庭就餐类型的报告起数最多（15起，占41.67%）；其次为饮食服务单位和其他类型（13起，占36.11%）、学校食堂（8起，占22.22%）（见图7）。

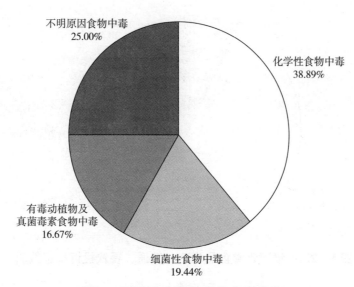

图6　不同致病因素食物中毒分布

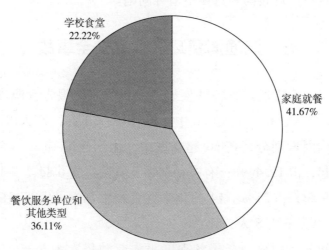

图7　不同场所食物中毒分布

六　流通消费环节违法案件

河北省食品药品监管局本着"有案必查、违规必究、违法必打、持续曝光"的原则，组织全省食药监系统，重拳打击食品安全违法违规行为，取得了良好效果。据统计，2014 年，全省食品生产、流通、餐饮监管部门共查处各类食品安全违法违规案件 17307 件，其中食品生产环节 714 件，占食品案件总数的 4.13%。食品流通环节 2526 件，占食品案件总数的 14.6%，餐饮消费环节 14067 件，占食品案件总数的 81.28%（见图 8）。

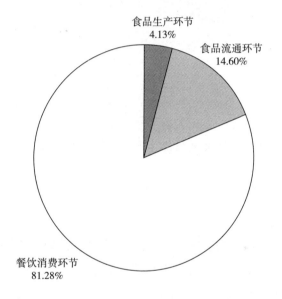

图 8 2014 年河北省食品生产、流通、餐饮违法案件数量

按违法主体来分，食品生产企业 496 件，食品添加剂生产企业 9 件，食品加工小作坊 209 件；餐馆 11797 件，食堂 2243 件，集体用餐配送单位 12 件，中央厨房 15 件；食品批发单位 120 件，食品零售单位 1938 件，食品批发兼零售单位 468 件（见图 9）。

1. 张家口市林某非法添加硼砂加工面条案

2014 年 1 月，张家口市政府食品安全办公室、食品药品监管局、公安局等有关部门通力合作，联合查处一起在面条中非法添加硼砂的案件。经查，犯罪嫌疑人林某自 2013 年 8 月份开始在面条加工制作

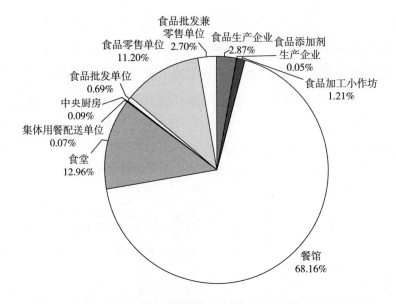

图9 2014年河北省食品生产、流通、餐饮违法案件分布

过程中违法添加硼砂。犯罪嫌疑人林某已于2014年2月26日被检察机关批捕。

2. 辛集市"某食品添加剂"经销店销售铬超标食用明胶案

2014年3月21日，河北省食品药品监管局会同辛集市政府食品安全办公室等相关部门对辛集市"某食品添加剂"经销店进行突击检查，现场发现食用明胶20.75公斤，经抽样检验铬超标60倍。经查，该网店自2013年10月至今共在互联网上产生交易50笔。辛集市政府食品安全办公室会同工商、公安部门进行了立案调查。

3. "衡水经济开发区某粮油有限公司"涉嫌生产销售假劣食用油案

2014年5月，衡水市政府食品安全办公室组织市食品药品监管局、公安局，对"衡水经济开发区某粮油有限公司"进行了突击检查，现场查获待售的食用油600余桶，包装2000余件，以及大量散装食用油、经营票据、产品标签和空白检验报告单等物品，并且使用工业用氢氧化钠清洗空油桶，涉案金额1000余万元。该企业涉嫌未经许可生产伪劣食用油，主要涉案人员刘某某等 6 人已被批准逮捕。

4. 石家庄市董某某等生产销售伪劣羊肉案

石家庄市公安局裕华分局根据河北省食品药品监管局移交的举报线索，一举破获董某某等人生产销售伪劣羊肉案。经查，犯罪嫌疑人董某某利用其任法人代表的身份，指使其工厂工人生产掺有猪肉的羊肉制品，通过其在石家庄某市场的经销部，向周边地区销售伪劣羊肉。查扣巨鹿生产场所伪劣羊肉 18802.6 公斤，货值 394669 元；在其石家庄某市场租赁冷库中查获格牧尔牌伪劣羊肉制品 7575 公斤，货值 280570 元；在赵县和市区两个火锅店分别确认购买使用其伪劣羊肉制品货值 180000 元和 146250 元。涉案犯罪嫌疑人均已抓获，6 月 12 日，移送检察机关审查起诉。

5. 邢台县张某某涉嫌销售不符合安全标准的粉条案

2014 年 4 月 23 日，邢台县政府食品安全办公室组织工商、公安等部门联合检查，在该县会宁镇三丰超市发现"三无"粉条。经检验，粉条铝含量为 879mg/kg。经查，张某某自 2012 年以来销售涉嫌不合格粉条达 5 万余公斤，销售额达 20 余万元。邢台县公安局对犯罪嫌疑人张某某依法采取强制措施。

6. 邯郸市磁县孙某制售假冒知名品牌饮料案

2014 年 9 月，邯郸市食品药品监管局、公安局食药安保支队、技侦支队、磁县公安局通力合作，在邯郸市磁县一举打掉一个特大制售假冒脉动、今麦郎冰红茶、雪碧等多种知名品牌饮料的黑工厂，当场查扣成品今麦郎冰红茶、汇源橙汁等假饮料两千余件，用于生产假饮料的储存、灌装、包装、打码等完整生产线一条，脉动、雪碧、冰糖雪梨等产品商标 20 万余套、各种空饮料瓶 10 余万个、各种饮料添加剂 500 余公斤。

7. 辛集市某孕婴用品经营部未经许可经营食品案

2014 年 9 月 10 日，辛集市食品药品监督管理局执法人员在日常巡查时发现，"辛集市某孕婴用品经营部"存在无食品流通许可证经营乳制品（含婴幼儿配方乳粉）行为。上述行为违反了《中华人民共和国食品安全法》第二十九条第一款的规定，根据《中华人民共和国食品安全法》第八十四条的规定，予以行政处罚2000元。

8. 廊坊市某火锅店销售非法添加羊肉制品案

廊坊市食品药品监管局委托省检验检疫技术中心廊坊分中心对本市某火锅店羊肉进行抽检，在该火锅店所用羊肉中监测出盐酸克伦特罗，又称"瘦肉精"。后经核查，问题羊肉由该店从内蒙古锡林浩特进购，当场即查封扣押。廊坊市食品药品监管局已经对该案件进行了查处。

9. 肥乡县"某骨头王"饭店非法制售有毒有害食品案

肥乡县食品药品监管局执法人员在对"某骨头王"饭店监督检查中，在其厨房操作间内发现一袋已拆封的 GB/T5462 – 2003 规格为50kg 的工业用盐，经该饭店一男性工作人员证实这袋盐用于大骨头烹饪。经核查，该饭店被认定为违法使用工业用盐加工销售食品，涉嫌非法生产、销售有毒有害食品。

10. 怀来县封某生产销售不安全食品案

怀来县食品药品监管局、县工商局等有关部门对沙城镇某蔬菜批发市场的熟肉制品进行抽样检测，发现其中一家亚硝酸盐超标，县食品药品监管局遂对蔬菜批发市场大厅封某经营的食品部立案侦查，并联合县工商局对封某在蔬菜市场的销售点以及生产加工作坊进行突击检查，一举查获"日落黄""胭脂红""亚硝酸钠"等添加剂。当即扣押有问题的鸡脖、鸡腿、鸡肝等食品400余斤。封某的行为已触犯了《刑法》第一百四十三条之规定，涉嫌非法生产、销售不符合安全标准的食品。该案移送司法机关，犯罪嫌疑人封某被怀来县公安局刑事拘留。

七 流通消费环节存在的问题

尽管 2014 年流通消费环节的食品安全监管取得一定成效，总体监管执法水平不断提高，消费者健康权益得到有效保护，食品市场经营秩序不断好转，但是当前食品安全形势依然复杂严峻，安全风险高发、易发、多发的阶段性特征仍然明显，特别是在食药监管体制改革过程中，食品安全监管力量还没有完全到位，工作机制还未理顺，亟待进一步推进完善。

（一）一些深层次问题尚未得到根治

流通环节食品经营单位总体数量大，市场准入门槛较低，小、散、乱问题突出；相当一部分食品经营单位缺乏必要的设备设施和规范管理。部分经营者诚信自律意识较差，故意违法现象屡禁不止。地区、城乡和群体之间差异较大，低收入群众的消费水平低，部分消费者安全消费意识和能力不强，容易成为不合格食品的受害者。餐饮业"多、小、散、低"的问题仍较突出，涉及外来务工、低保下岗人员较多，无证经营现象尚存，监管处罚难度大，违法成本低、问题隐患多。由此看来，彻底改变食品经营企业小、散、乱问题，实现食品经营规模化、集约化的目标还需要一个长期的过程。

（二）新的食品安全风险不断出现

一是随着现代食品工业的发展，食品生产新技术、新原料被广泛应用，化学、微生物等方面的污染概率增加，食品安全风险因素的种类及其发现、治理的难度有增多和加大的趋势。二是在市场经济发展的大背景下，食品安全领域的违法手段花样翻新，甚至一些高科技手段被用以制售假冒伪劣食品，造成食品安全标准、检测等方面面临很大挑战。三是奶吧、流动餐车、食品网销网购等新业态层出不穷，监管没有成熟经验，缺乏系统性治本之策。四是人们对食品安全更加关注，燃点越来越低，社会和舆论对食品安全的关注从一般违法问题逐步延伸至政策性、专业性、技术性等方方面面的问题，监管部门回应社会关切的难度也不断增大，使得食品安全监管工作愈加复杂。因此，食品药品监管部门必须顺应形势发展，进一步完善监管制度，强化问题意识和风险防范意识，充分发挥隐患排查、抽检监测、风险会商作用，构建全方位、立体化的风险隐患防控体系。

（三）食品经营者法治意识淡漠与消费者维权意识不强并存

一是个别食品生产经营者唯利是图，守法经营意识差，为追求经济利益铤而走险或是心存侥幸，对食品质量把关不严，在购进销售时，未能认真执行进货查验制度，不能及时发现安全隐患。二是广大消费者特别是农村消费者受收入、消费知识所限，在一些经济欠发达的地区，部分消费者还存在重价格、轻品质的现象，使一些廉价劣质的食品有了存在的空间。三是相当一部分的消费者在购买食品时不能及时索取票据，造成发生事故后举证难、维权难，或是怕麻烦，不能主动向有关行政部门和司法机关主张权益。这就要求食品药品监管部门一方面重拳出击，严厉打击食品安全违法犯罪行为，震慑不法分子；另一方面，加强正面引导，加大食品安全宣传教育力度，切实提高人民群众维权意识和自我保护意识。

（四）基层监管体制改革进展缓慢带来的不利影响

当前，基层食药监管体制改革滞后，部分市（县）的新机构组建和职能交接，人员划转与国家、省里要求的进度相差甚远；基层监管力量配备与履职需要相比差距较大，严重影响了食品安全监督管理工作的开展。

在食品流通监管方面，2014年底只有7个设区市本级和2个省直管县进行了职能划转，其他市和县一级的监管职能尚未划转过来。在职能未交接的地方，相关部门间工作协调配合不畅、合力不强，存在责任落实不到位、一些工作推动不力或无人推动的现象。在职能实现交接的地方，执法力量不足且新手较多，监管能力建设欠缺，影响了流通环节食品安全监管。

在餐饮监管方面，个别县（区）机构改革至今未完成餐饮监管职能调整，监管责任难以落实。已完成职能交接的市（县、区）存在监管执法队伍名称不一致、职责不统一、编制无标准、装备无规范的现象，任务重、人员少、经费紧、装备缺、技术力量支撑不到位已成为餐饮监管的瓶颈。

从2014年10月对承德市食品药品监管体制改革调研的情况来看，一是改革后的食品药品监管部门与改革前的质监、工商、商务等部门相比，无论是食品监管人员数量、执法经验还是设备配备，都不增反减；二是已出台的县级三定方案，机构设置都没有覆盖到乡镇一级，面对承德广大农村市场，现有的监管人员难以完成如此繁重的监管任务。以兴隆县为例，改革前工商、质监、食药监、商务等部门共有专兼职食品药品监管和检验人员98名，改革后的县食药监局真正从事一线监管的不到40人，其中，食品流通监管人员8人，餐饮监管人员6人，且乡镇一级没有监管人员。全局仅有3辆执法车，其他装备也十分简陋。面对散布在3213平方公里区域内的1280家食品经营单位和509家餐饮单位，14名监管人员根本无法完成监管全覆盖的目标任务。

八 流通消费环节工作建议

（一）明确战略定位，高度重视食品流通业、餐饮服务业发展

流通是市场经济运行的基础。改革开放以来，流通对国民经济发

展的重要性日益显著。在市场经济条件下，商贸流通业作为国民经济的基础性和先导性产业，是决定经济运行速度、质量和效益的重要因素，是衡量一个地方综合经济实力的重要标志。餐饮业是重要的服务业，直接关系人民群众的生命健康和生活水平。河北省是食用农产品生产大省，年产各类鲜活农产品逾亿吨；食品工业规模不断扩大，乳制品、方便面、小麦粉等一批加工食品产量均居全国前列。在市场一体化及"食用农产品生产－食品加工－食品流通－餐饮消费"产业链中，作为后端产业的食品流通、餐饮消费，其发展水平直接制约和影响食用农产品生产、食品工业的发展，其质量安全保障能力直接影响消费者身体健康。加快发展食品流通业、餐饮服务业，对于促进食品产业各环节协调发展，调整产业结构，提高人民生活质量，增加社会就业，促进社会和谐具有十分重要的作用。各地政府、相关部门必须彻底扭转"重农轻商""重工轻商"的传统观念，将食品流通业、餐饮消费业发展提升到与食用农产品生产、食品工业同等重要的战略位置，采取切实有效措施，进一步完善食用农产品、食品市场体系建设，运用现代物流技术推进食用农产品、食品物流合理化，提高食品经营主体的质量安全责任意识，建立和完善食品流通、餐饮服务质量安全信息体系，推进食品流通业、餐饮服务业规模、效益与质量安全保障能力同步快速发展。

（二）制定中长期规划，统筹食品流通业、餐饮服务业发展

近年来，河北省食品流通业、餐饮服务业持续发展，总体规模逐步扩大，在食品产业发展中的作用日益增强。但与食用农产品生产、食品工业相比，食品流通业、餐饮服务业发展明显滞后。突出表现为各级政府、相关部门重视程度不足，缺乏总体规划、食品流通网络和服务功能不健全，新型流通业态发展滞后，餐饮服务业"多、小、散、乱"，与食用农产品、食品工业发展速度和食品质量安全要求不

匹配等问题。省政府及有关部门先后出台了《河北省"十二五"农业发展规划》《河北省食品工业"十二五"规划》《河北省现代农业发展规划（2012～2015年)》《河北省优势农产品区域布局规划》《河北省人民政府关于推进食品工业加快发展的意见》（冀政〔2014〕85号）等一系列政策性文件，对食用农产品生产、食品工业统筹布局起到强力推动作用。但到目前为止，河北省还没有出台过食品流通业、餐饮服务业发展规划或发展纲要。虽然近年来，河北省商务部门按照国家部署，组织开展"三绿工程""万村千乡"工程，食品和食用农产品流通网络有了一定发展，但总体而言，全省食品流通、餐饮服务业发展基本处于自发市场调节状态，政府部门缺乏专门规划和顶层设计，政府扶持和推动力不足。食品流通、餐饮服务业的基础设施建设滞后、网络布局不合理，食品安全保障能力不足，产业发展速度不快。建议专门制定《河北省食品流通业中长期发展规划》《河北省餐饮服务业中长期发展规划》，明确"十三五"及未来10年的全省食品流通业、餐饮服务业发展目标、措施，加大食品安全硬件投入，与食用农产品、食品工业"十三五"发展规划相衔接，推动全省食品产业协调发展，提高全省食品产业链质量安全保障能力。

（三）发展行业组织，加强行业指导和行业管理

目前，食品流通业、餐饮服务业行业发展管理工作由商务部门代为承担，全省没有专门负责食品流通、餐饮服务业的政府部门。商务部门作为商贸流通业主管和行业指导部门，对食品流通、餐饮服务业发展情况没有具体的行业发展统计数据，导致其对食品流通、餐饮服务两个行业基本情况、行业发展态势等底数不清，难以有效分析行业运行情况，提出宏观调控意见。迫切需要尽快成立省级食品流通业协会、省级餐饮服务业协会，具体承担全省食品流通、餐饮服务业行业统计、行业运行分析、行业指导以及提出行业发展规划、组织规划实

施等相关职能，同时作为政府主管部门、监管部门与广大企业之间的桥梁和纽带，组织全行业企业，贯彻落实政府一系列关于行业发展、食品安全监管的方针政策，倾听行业呼声，传递政府声音，以促进行业健康发展。

（四）加快机构改革步伐，建立稳定的监管队伍

面对机构改革滞后特别是基层机构改革滞后问题，建议县（市、区）政府严格落实国务院和河北省人民政府关于加快推进食品药品监管体制改革的意见要求，克服困难，进一步协调人事、编办等部门，合理增加食药监机构编制和人员，力争把机构设置到乡镇一级政府或由县食药监局增设派出机构，配备执法设备和办公场所，以满足当前食品安全监管工作的需要。同时，加大对监管人员的培训力度，切实提高监管能力和水平，逐步建立一支稳定的高素质监管队伍，全力保障人民群众饮食安全。

（五）改进监督抽检办法，落实问题导向

现行食品安全监督抽检管理办法规定，对无证无照企业生产的食品不予监督抽检、抽样基数不足的不予抽样。在目前食品标签标识不规范较为普遍的情况下，一些农村、城乡接合部的食品经营单位的三无产品，一些无证餐饮摊点产品不能通过监督抽检及时发现问题，而这些产品往往是高风险食品，导致质量安全隐患不能及时发现、消除。建议取消无证无照单位生产加工的食品不进行监督抽检的规定。同时针对基层小食品店众多，但每个食品店单一品种、单一批次产品进货量小，往往达不到抽样基数的情况，专门制订针对基层小食品店的监督抽检计划，精简检验项目，去掉一些合格率高的安全项目，这样可以大幅降低抽样基数，确保小食杂店食品能够达到抽样基数，确保问题产品抽得到、检得出。

（六）建立不合格产品全省下架制度，实现不合格产品全省市场追溯

针对当前流通环节检验发现不合格产品追溯困难，往往只能在不合格产品经营单位下架的实际情况，建议参照北京市的做法，由河北省食品药品监督管理局在官方网站定期（每周或每两周）公布监督抽检不合格产品名单，全省各地基层监管部门根据名单监督辖区内的食品经营单位，对列入名单的产品进行下架处理，实现不合格产品全省市场追溯。

（七）实施不合格产品销毁补偿，推进无害化处理进程

鉴于不合格产品的源头多数不在流通环节，对流通环节发现的不合格产品进行封存、销毁往往给食品经营者带来损失，但食品经营者的损失有时难以通过对食品生产者进行追溯得到补偿，导致食品经营者对不合格产品的销毁、无害化处理不积极。特别是一些食用农产品批发市场，发现不合格产品后，往往仅仅是禁止其进入农贸市场，难以做到封存、销毁。建议参照畜禽屠宰环节对问题猪屠宰进行补偿的办法，对流通环节不合格产品销毁给予一定补偿，以推进不合格产品无害化处理落到实处。

（八）加强食品安全宣传，正确引导社会舆论

随着社会信息化进程的不断加速，微博、微信等新媒体的普及，"人人皆有麦克风"的自媒体时代已经到来。一些容易引起关注的事情，传播速度快、传播渠道多、影响范围广、放大效应明显，一些不实炒作极易混淆视听、引起恐慌。近几年过度炒作的一些食品安全事件，一方面反映了食品安全监管部门与新闻媒体之间的良性互动机制尚未形成，往往是形成炒作后被动应付；另一方面反映了

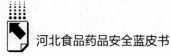

食品安全宣传工作还不到位，监管部门的信息发布不够及时、不够公开透明，权威专家引导不够。同时，还有群众食品安全认知水平有限，科学判断网络谣言和事实真相能力欠缺。因此，加强食品安全宣传，正确引导舆论，做好食品安全信息发布管理等方面工作十分重要和迫切。

河北省食品相关产品质量安全状况分析及对策研究

郁 岩*

摘　要： 食品相关产品与食品直接接触，对食品安全影响重
大。截至 2014 年底，河北省共有获得生产许可证的
食品相关产品生产企业 526 家，其中食品用塑料包装
为全省主要食品相关产品。河北省通过督导检查、加
强培训、规范管理等措施，进一步加强对食品相关产
品的监督管理，全省食品相关产品质量稳定可靠，总
体合格率达到 99% 以上。

关键词： 食品相关产品　产品质量　安全监管

　　食品相关产品是指用于食品的包装材料、容器、洗涤剂、消毒剂
和用于食品生产经营的工具、设备，按产品材质共分十四大类。食品
相关产品与食品直接接触，对食品安全有着重大影响，是食品安全不
可分割的、重要的组成部分。根据国家质检总局"抓质量、保安全、
促发展、强质检"的总体要求，河北省以深入开展食品相关产品监
督抽查及风险监测为重点，强化企业日常监管，严格实施行政许可，
确保全省食品相关产品质量的安全稳定。

---

* 郁岩，河北省环保产品质量监督检验院技术负责人，正高级工程师，长期从事产品质量检验
和管理工作。

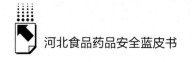

一　产业概况

根据《中华人民共和国食品安全法》及国家质检总局的有关规定，食品用塑料包装、食品用纸包装、餐具洗涤剂、工业和商用电热食品加工设备、压力锅等五大类食品相关产品实施生产许可管理。截至 2014 年底，河北省共有获得生产许可证的食品相关产品生产企业 526 家，其中食品用塑料包装为全省主要食品相关产品。2014 年，河北省食品相关产品总合格率为 99.05%，产品质量稳定可靠。

（一）产品分类与分布

1. 生产许可产品

目前河北省获得生产许可证的 526 家食品相关产品生产企业中，食品用塑料包装企业占总数的 88%（见表 1），主要分布在保定、沧州、石家庄等地区（见图 1），因此加大对食品用塑料包装产品的监管力度和提升区域整体的产品质量以及进行行业引导，是保证河北食品相关产品质量稳定的工作重点。

表 1　生产许可证管理的五类食品相关产品分类统计

单位：家

产品类别 总计	食品用塑料 包装	食品用纸 包装	餐具 洗涤剂	工业和商用 电热食品 加工设备	压力锅
526	464	35	19	8	0

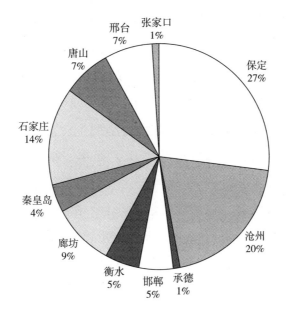

图 1 河北省食品相关产品获证企业分布统计

2.14 类食品相关产品

按照国家质检总局要求，对不在许可范围的 14 类食品相关产品进行了调查，汇总情况如表 2 所示。

表 2 食品相关产品分类统计（不包含许可证管理五类产品）

单位：家

产品材质	塑料	纸	金属	玻璃	陶瓷	搪瓷	橡胶	竹木	天然纤维	化学纤维	涂料	消毒剂	洗涤剂	加工设备
企业数	1782	60	30	469	339	3	3	1		2	40	196	221

（二）各类产品企业规模质量情况分析

企业规模对产品质量的影响不言而喻，大型企业和大部分中型企业实力雄厚，可生产工艺较复杂的产品，企业管理规范，产品质量控

227

制严格，产品合格率较高，出现的质量问题可及时改进，产品质量可得到保证。小型、微型企业产品适应市场的能力较强，产品质量受市场影响大，是产品质量主要监控对象。根据国家《关于印发中小企业划型标准规定的通知》规定，从业人员大于20人小于300人，营业收入大于300万元小于2000万元为小型企业，低于这个标准为微型企业。食品相关产品由于其生产工艺简单，基本为小型和微型企业，并且微型企业占总数的88.4%，因此监管任务严峻。为保证食品相关产品质量稳定，在正常监督基础上，充分考虑小型、微型企业变化能力强的特点，密切关注市场波动对企业的影响，加大风险监测和风险预警工作力度，确保以小型、微型企业为主的食品相关产品质量稳定。

二　行政许可情况

根据《工业产品生产许可证管理条例》要求，作为生产许可证主管部门要遵循科学公正、公开透明、程序合法、便民高效的原则，依照条例规定负责对获证企业以及核查人员、检验机构及其检验人员的相关活动进行监督检查。为保证生产许可现场审查工作的严肃性，审核人员深入企业审查现场，及时发现审查中存在的问题，并多次组织召开由审核组长参加的专题研讨会，研究细化国家审查通则、细则等技术要求，统一审查标准和尺度，及时解决现场审查中发现的问题，确保现场审查工作标准统一，公平公正，不走过场。在严格把握审查关口的同时，实行现场审查终身负责制，严防现场审查工作的不正之风。

截至目前，2014年共完成66家企业的生产许可事项审批。其中新发证49家、换证1家、变更5家、不予许可11家。

三 监督抽检

2014 年河北省食品相关产品监督抽查共抽取样品 820 批次,总体合格率为 99.05%(见表 3)。

表 3 2014 年食品相关产品监督抽查合格率统计

单位:%

第一季度	第二季度	第三季度	第四季度	总合格率
98.2	100	100	98.0	99.05

(一)监督抽查抽样覆盖率可接受

2014 年 1~4 季度,样品采集率基本达到计划要求,一季度样品采集率是计划的 91.7%,二季度为 68.1%,三季度为 87.3%,四季度为 93.2%,样品类别覆盖全省各食品相关产品生产企业的主要产品(见表 4),代表性较强,检验结果能够代表河北食品相关产品的产品质量。

表 4 2014 年全省监督抽查样品统计

单位:批次

样品类别	第一季度	第二季度	第三季度	第四季度
食品包装复合膜、袋	77	49	—	96
食品用纸包装	3	—	—	50
食品包装纸容器	10	—	—	—
食品包装金属罐(铁罐、铝罐)	12		1	—
食品用塑料包装容器(瓶、桶)	46	49	77	53
食品用塑料包装容器(瓶盖)	17		—	

续表

样品类别	第一季度	第二季度	第三季度	第四季度
一次性塑料制品	—	33	33	30
食品包装用塑料编织袋	—	16		18
食品包装非复合膜、袋		66	81	—
餐具洗涤剂	—	5	—	14

（二）检验结果总合格率为99.05%

经过几年来对食品相关产品行业及问题企业的治理整顿，河北省食品相关产品的质量趋于稳定，总体合格率为99.05%，其中第二季度、第三季度总合格率均为100%（见表5）。

表5　2014年全省监督检验合格率分类统计

单位：批次，%

样品类别	第一季度		第二季度		第三季度		第四季度	
	合格批次	合格率	合格批次	合格率	合格批次	合格率	合格批次	合格率
食品包装复合膜、袋	75	97.4	49	100	—	—	93	96.9
食品用纸包装	3	100	—	—	—	—	—	—
食品包装纸容器	10	100	—	—	—	—	50	100
食品包装金属罐（铁罐、铝罐）	11	91.7	—	—	1	100	—	—
食品用塑料包装容器（瓶、桶）	46	100	49	100	77	100	53	100
食品用塑料包装容器（瓶盖）	17	100						
一次性塑料制品	—	—	33	100	33	100	30	100
食品包装用塑料编织袋	—	—	16	100			16	88.9
食品包装非复合膜、袋	—	—	66	100	81	100	—	—
餐具洗涤剂	—	—	5	100	—	—	14	100
合　计	—	98.2		100		100	—	98.0

（三）不合格产品（参数）产生原因及影响分析

2014 年第一季度监督抽检的 165 批次样品中，有 162 批次实物质量合格，实物质量合格率98.2%；3 批次实物质量不合格。不合格项目为：1 批次复合膜断裂标称应变（纵向）不合格，1 批次复合膜水蒸气透过量不合格，1 批次铁质罐游离甲醛超标。第四季度监督抽检的 261 批次样品中，有 256 批次抽检样品合格，合格率98.0%；5 批次抽检样品不合格，不合格率为 2.0%。不合格项目为：3 批次复合膜袋样品溶剂残留量不合格，2 批次编织袋样品拉伸负荷不合格（见表6）。

（四）食品相关产品综合质量分析

1. 食品包装复合膜、袋

食品包装复合膜、袋是河北省食品相关产品生产数量最多的产品，2014 年度共抽查 222 批次，总合格率为97.7%。

食品用塑料复合膜、袋的抽检检验项目主要为蒸发残渣（乙酸、乙醇、正己烷）、重金属、高锰酸钾消耗量、甲苯二胺、溶剂残留、脱色实验，膜类产品还有水蒸气透过性、氧气透过量、拉伸强度、断裂伸长率。5 批次不合格样品的不合格项目分别为断裂标称应变（纵向）、水蒸气透过量、溶剂残留量。

2. 食品用纸、纸包装

2014 年度共抽查食品用纸、纸包装 63 批次，总合格率为100%。

食品用纸、纸包装的抽检检验项目主要为铅（以 Pb 计）、砷（以 As 计）、荧光性物质、脱色试验、大肠菌群、致病菌等。

3. 食品用金属包装

2014 年度共抽查食品用铁质金属罐 13 批次，总合格率为92.3%。

表 6 不合格产品质量分析

单位：批次

序号	产品名称	不合格批次数量	不合格参数	产生原因	对食品的影响
1	复合膜	1	断裂标称应变（纵向）	使用原材料牌号不符，生产配方存在缺陷，复合膜挤出温度控制不当，吹塑压力和牵引速率设计不科学，产品冷却温度或时间不合理等因素	断裂标称应变主要考核复合膜的耐外力变形能力，用于包装的复合膜，包装过程中会承受不同大小的拉扯力，如果应变指标不能达到标准要求，可能会造成膜断裂或撕裂等问题，无法达到包装的目的。此外，断裂标称应变不合格可能导致用于食品包装的复合膜出现破损，影响食品的安全和使用性
		1	水蒸气透过量	挤出过程中温度控制不均匀、原材料塑化不完全、牵引速率过快等	水蒸气透过量主要考核复合膜使用过程中的透湿保鲜功能，该项目不合格可能引发食品在运输、储存、销售等流通过程中出现风干、霉变等风险，影响食品的保鲜度
		3	溶剂残留量	溶剂残留主要来源于油墨、溶剂及粘合剂，并与环境、印刷复合工艺有关	残留溶剂均为化工产品，存在一定毒性，尤其是丁酮、苯、二甲苯毒性较大

续表

序号	产品名称	不合格批次数量	不合格参数	产生原因	对食品的影响
2	铁质罐	1	游离甲醛	食品罐头内壁使用的防腐涂料为环氧酚醛树脂涂料,以高分子环氧树脂和酚醛树脂共聚而成。在高温的生产线中,大部分甲醛已经生成树脂,这类反应的甲醛对人体没有危害;还有一小部分甲醛没有参加反应,也就是游离甲醛	游离甲醛会刺激人的眼睛、喉咙、胸腔等,长期吸入会使人体部分组织遭到破坏,使人体免疫力下降。甲醛中毒对人体健康的影响主要表现在嗅觉异常、刺激、过敏、肺功能异常、肝功能异常和免疫功能异常等方面,具有强烈的促癌和致癌作用
3	编织袋	2	拉伸负荷	原料配比不当及受生产塑料编织袋所用的扁丝质量好坏和单位面积质量的影响	影响编织袋的使用性能

233

食品用金属包装罐的抽检检验项目主要为感官、蒸发残渣、高锰酸钾消耗量、游离酚、游离甲醛等。1 批次不合格样品的不合格项目为游离甲醛超标。

4. 食品用塑料包装容器

2014 年度共抽查食品用塑料包装容器（瓶、桶、盖）242 批次，总合格率为 100%。食品用塑料包装容器的抽检检验项目主要为密封性能（PET 材质）、锑（PET 材质）、蒸发残渣、重金属、高锰酸钾消耗量、脱色试验等。

5. 一次性塑料制品

2014 年度共抽查一次性塑料制品 96 批次，总合格率为 100%；一次性塑料制品的抽检检验项目主要为感官、蒸发残渣、重金属、高锰酸钾消耗量、脱色实验等。

6. 食品包装用塑料编织袋

2014 年共抽查食品包装用塑料编织袋 34 批次，总合格率为 94.1%。食品包装用塑料编织袋的抽检检验项目主要为感官、蒸发残渣、重金属、高锰酸钾消耗量、脱色实验、拉伸负荷、跌落性能等。2 批次不合格样品的拉伸负荷不合格。

7. 食品包装非复合膜、袋

2014 年共抽查食品包装非复合膜、袋 147 批次，总合格率为 100%。食品包装非复合膜袋的抽检检验项目主要为蒸发残渣、重金属、高锰酸钾消耗量、脱色实验、拉伸负荷等。

8. 餐具洗涤剂

2014 年度共抽查餐具洗涤剂 19 批次，总合格率为 100%。餐具洗涤剂的抽检检验项目主要为外观、气味、稳定性、总活性物含量、PH、去污力、荧光增白剂、甲醛、甲醇、砷、重金属（铅）、菌落总数、大肠菌群等。

四 风险监测情况及数据分析

风险监测是按照相关标准进行正常检验检测而不能发现的，在产品实际生产过程中有可能出现的潜在的有害因素。由于市场瞬息万变，产品的原料、工艺都有可能改变，再加上标准的相对滞后，食品及食品相关产品都存在生产过程发生变化而未得到安全验证的潜在风险。根据河北省食品相关产品生产实际情况，对可能发生风险的项目（参数）进行风险监测和预警是质量检验工作的重要内容。2014年河北省食品相关产品风险监测共抽取样品820个，问题样品总检出率为33.6%，问题样品检出的风险项目均未超过国家规定的安全指标（见表7）。

表7 风险监测结果统计

单位：批次，%

类别	第一季度	第二季度	第三季度	第四季度	合计
样品数量	170	199	190	261	820
未达到风险项目指标	8	0	2	15	25
问题样品检出率	4.7	23.7	35.3	70.5	33.6

注：未达到风险项目指标是指风险项目不合格的产品批次数；问题样品检出率是指检出有问题但没有超过国家相关指标要求，属于有问题项目。两者没有明显逻辑关系。

（一）风险监测项目确定

1. 食品塑料包装产品风险项目为邻苯二甲酸酯迁移量、铅含量、溶剂残留量

食品塑料包装是用食品级聚乙烯（PE）、聚丙烯（pp）、聚对苯二甲酸乙二醇酯（PET）等原料，经热熔、挤出、牵伸等工艺制成。

塑化剂是用来软化原料，提高产品成型合格率的助剂。食品用塑料包装产品应采用环氧大豆油类作为塑化剂，但一些企业为降低成本，将工业用塑化剂（邻苯二甲酸酯）用于食品塑料包装生产，因此将邻苯二甲酸酯迁移量和重金属含量作为食品塑料包装风险项目指标。

另一个风险项目为溶剂残留量，主要来源于食品塑料包装生产时的印刷油墨和生产复合膜时使用的黏合剂。这类物质均为化工产品，存在一定毒性，氯化聚丙烯类油墨目前占食品包装印刷份额的50%以上，有些厂家会注明产品为无苯油墨，但也可能含有苯类物质，会导致最终产品中溶剂残留超标。

注：工业用塑化剂（邻苯二甲酸酯）的分子结构类似荷尔蒙，被称为"环境荷尔蒙"，是中国台湾环保管理部门列管的毒性化学物质。若长期食用可能引起生殖系统异常甚至有造成畸胎、癌症的危险。环境荷尔蒙系指外在因素干扰生物体内分泌的化学物质。在环境中残留的微量此类化合物，经由食物链进入体内，形成假性荷尔蒙，传送假性化学讯号，并影响本身体内荷尔蒙含量，进而干扰内分泌的原本机制，造成内分泌失调。

2. 食品包装用塑料编织袋风险项目为荧光物质、铅含量

一些企业使用再生原料生产食品用塑料编织袋，使用荧光增白剂来保证产品外观白亮美观，目前国内外相关政策没有对塑料制品中添加荧光性物质的要求，因此存在着潜在的质量安全风险。

注：荧光增白剂被人体吸收后，不易分解。一旦其与人体中的蛋白质结合，则会阻碍伤口愈合，并且除去它非常不易，只有通过肝脏进行酶类分解，从而加重肝脏负担。医学临床实验证实，荧光增白剂可使细胞产生变异性，存在致癌风险，所以被列为潜在致癌物质。

3. 食品用纸包装风险项目为铬、镉、溶剂残留量、甲醛、荧光物质

我国现有的相关纸制品标准中并没有重金属镉、铬和甲醛含量三项指标技术要求，但河北省 2013 年食品用纸制品风险监测中镉、铬两项指标检出率 29.4%，甲醛检出率高达 98.5%，产生的原因有可能是在原料和工艺环境中不对这三项指标进行检测而进入产品终端。

4. 食品包装金属罐风险项目为三聚氰胺迁移量、双酚 A

食品包装金属罐生产过程中，食品罐内壁使用的防腐涂料为环氧酚醛涂料，以高分子环氧树脂和酚醛树脂共聚而成。在高温的生产线中，酚醛树脂反应不完全而有可能存在未完全反应的三聚氰胺、双酚 A，国家标准对这两项指标没有检验要求，三聚氰胺和双酚 A 的危害不言而喻，因此作为风险项目非常必要。

（二）风险监测结果分析

2014 年风险监测的问题样品总检出率为 33.6%，检出风险项目主要为重金属、增塑剂、甲醛和苯溶剂残留，这些项目国家未进行限量要求或未规定在生产工艺中不应存在，相关企业接到检测结果后，已对存在的潜在风险进行了排查，确保产品质量安全。通过风险监测进行风险预警是今后进行质量监督、监测的工作重点。

五　采取的监管措施及重大行动

1. 督导检查

2014 年上半年，河北省质检局组织对全省进行半年督导检查。此次检查共涉及 10 个市，13 个县（区），29 家企业。重点调查企业的原材料采购、工艺流程、标准执行、出厂检验等情况。对发现的问题责成基层局及时告知辖区内相关同类产品生产企业，督促其对照所发现的问题进行自查自检，及早消除安全隐患，严防类似问题发生。

2. 加强培训

为强化企业主体责任意识，提高企业管理水平，河北省质检局及

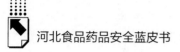

时编印了《食品相关产品许可服务手册》，并本着方便企业的原则，在保定、沧州、廊坊三市，分三批对全省300多家塑包企业的法定代表人及质量负责人进行了生产许可知识免费培训。培训效果明显，企业反映良好。

3. 规范管理

为进一步加强食品相关产品监督管理，促进企业落实质量安全主体责任，确保食品相关产品生产加工环节质量安全，河北省质检局制定了《2014年度食品相关产品监督检查工作方案》，并严格按方案要求进行了落实。

六　当前存在的问题

一是企业人员对产品执行标准不熟悉，在填写抽样单过程中，询问企业产品执行标准，有部分企业还告知错误的执行标准或已经作废的标准号。

二是企业技术人员的专项技术知识、专业技能有待提高。因此，应使之熟悉所在生产区域的产品相关标准、所使用原辅材料的相关标准知识，并运用到日常生产、内部质量控制中，提高工作效率，降低各方面可能存在的风险。

七　2015年监管工作的整体思路

2015年全省食品相关产品监管工作的基本思路是，贯彻落实省委省政府和国家质检总局的安排部署，结合当前实际，突出服务，保障安全，促进发展，提升能力。树立服务全省食品及相关产品产业安全健康发展的理念，以转变职能激活市场主体为导向推进行政审批改革，指导系统各级依法履行食品相关产品监管职能，改进作风、主动作为、提质增效、固本强基，保障食品相关产品安全，提高质量总体水平。

1. 深化行政审批制度改革

推行生产许可主动集中办理模式。清理附加条件简化流程，严格审查标准和工作纪律，提高审批速度和效率，减轻企业负担，让企业尽快获证规范生产，激发市场活力。

2. 加大对生产加工企业培训力度

举办企业质量管理者培训班，举办企业技术人员培训班，针对国家对食品相关产品生产加工市场准入门槛设置较低、生产企业规模较小、从业人员素质能力不高、质量管理和保障能力不强等情况，在集中生产区域分期分批免费为企业举办三个培训班，让企业在自愿参加不增加负担前提下提升质量和效益。

3. 加强指导帮扶

助推企业打牢质量基础，紧密联系食品相关产品生产企业多是中小型企业、质量基础性工作薄弱等实际情况，有针对性地对企业进行帮扶。帮助指导企业加强品牌培育与创建。帮助指导企业加强实验室建设。加强对企业的首检、巡检、出厂检等环节的检查指导，指导企业加强实验室建设，提高产品自检能力，防止不合格产品出厂门流入市场。同时开展重点区域产品质量提升活动，综合分析调查摸底、监督抽查、风险监测和专项检查情况，对同类产品生产企业比较集中、风险系数比较高的重点区域，督促地方政府和质监部门开展重点区域产品质量提升活动。

4. 强化企业的主体责任

用制度严格企业质量安全主体责任，建立企业承诺践诺诚信自律机制，推动企业履行社会责任，严格执行《产品质量监督抽查管理办法》，在全面完成国家监督抽查和联动抽查任务的基础上，对列入生产许可范围内的食品相关产品、国抽未抽查到的企业开展省级监督抽查。提高抽样和检验的科学性、有效性，确保问题企业后处理工作

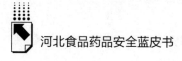

落到实处。

5. 全面开展风险监测

认真落实总局制订的年度食品相关产品风险监测计划，有针对性地制订实施方案。全面采集风险信息，做到检查、调研、检验等多种方法有机结合，把过去只对产品本身检验延伸为对影响产品质量的主客观因素、软硬件建设、内外因问题、空气环境污染等进行综合信息采集，撰写科学的全省食品相关产品年度风险分析报告，提高防控化解的针对性。

河北省进出口食品质量安全状况
分析及对策研究

赵占民 师文杰 等*

摘　要： 2014 年，河北省进一步深化进出口食品安全监管模式改革，全省进出口食品安全监管工作更加规范、科学、高效，全年未发生质量安全事故。本文对进口大豆、肠衣、肉类和出口干坚果、蔬菜、食用菌、粮食制品、中药材、水果、肠衣、肉类、水产品等 12 类主要及敏感进出口食品的检验检疫监管情况及应对措施进行了详细分析，并对出口动物源性食品和其他进出口食品的风险监测进行了评估分析，针对当前存在的问题，提出了针对性建议。

关键词： 进出口食品　监管模式　质量控制

　　2014 年，河北省认真贯彻落实全国质检工作会议、全国进出口食品安全监管工作会议精神，按照全省检验检疫工作会议部署，进一步解放思想、强化风险管理意识、深化进出口食品安全监管模式改革，全省进出食品安全监管工作更加规范、科学、高效，全年未发生质量安全事故。

---

* 赵占民，河北出入境检验检疫局进出口食品安全监管处处长；师文杰，河北出入境检验检疫局进出口食品安全监管处科长；参与编写人员还有朱金銮、陈茜、李晓龙、石磊、刘利辉、杨建立、李树昭、陈柏。

一 进出口食品状况

2014 年检验检疫进出口食品 28673 批次、货值 23.62 亿美元，同比分别增长了 13.34%、26.6%。

进口食品情况：2014 年河北辖区共检验检疫进口食品、粮食等 1076 批次，货值 6.67 亿美元，进口产品类别主要包括食用油、乳与乳制品、动物肉脏及杂碎类、酒类、冷冻水产品和水产制品、大豆等，具体情况如表 1 所示。

表 1 2014 年主要进口食品情况统计

单位：批次，万美元

序号	产品类别	主要进口品种	进口批次	货值
1	乳与乳制品类	乳制品	62	4765.0
2	食用油类	食用植物油	88	3155.2
3	酒类	葡萄酒	16	511.3
4	糖与糖果，巧克力及可可制品	糖果、可可制品	44	265.2
5	调味品类	酱、调味品、裹粉、打粉	44	66.4
6	动物肉脏及杂碎类	冻猪肉、冻牛筋、牛杂碎、猪肠衣、羊肠衣	383	1505
7	粮食	大豆	49	52604.55

出口食品情况：2014 年河北辖区检验检疫出口食品 27597 批次，货值 16.95 亿美元，具体情况如表 2 所示。

表2 2014年主要出口食品情况统计

单位：批次，万美元

序号	产品类别	主要出口品种	出口批次	货值
1	罐头类	桃罐头、果酱罐头、苹果罐头、梨罐头、食用菌罐头、番茄酱罐头、甜玉米罐头、袋装调味渍菜、板栗罐头	2136	10124.3
2	干坚果、炒货类	熟栗仁、裹衣花生、琥珀核桃仁、油炸蚕豆	399	1564.1
3	蔬菜水果制品	炒洋葱、冷冻玉米、冷冻水果、冷冻蔬菜、冷冻食用菌、盐渍菜、脱水蒜片(粒)	2230	6924.3
4	饮料	浓缩梨清汁、浓缩地瓜汁、浓缩苹果汁、杏仁露	311	2812.9
5	糖与糖果,巧克力与糖果制品	糖果、麦芽糊精、一水葡萄糖、果葡糖浆	2298	8352.5
6	调味料	酱油、复合调料、酱油粉、醋	275	719.0
7	粮食制品类	方便面、粉丝(粉皮)、挂面、红豆沙、红薯淀粉、比萨托、素春卷、油条、玉米淀粉	1616	4458.8
8	蜜饯类	蜜枣、无核红枣、杏脯、柿卷、草莓脯、梨脯、猕猴桃脯	334	1519.8
9	熟肉制品类	香肠、牛肉制品、禽肉制品等	1593	9879.7
10	其他食品类	大豆蛋白、大豆组织蛋白、水解植物蛋白粉、功能性大豆浓缩蛋白、豆浆粉、活性干酵母、大麦苗粉、小麦苗粉、营养素胶囊	1095	3995.8
11	保鲜蔬菜	保鲜蔬菜	4789	5
12	水产制品	冻煮蛤肉、熟制真空蛤肉等	435	8255.5
13	植物性调料	辣椒粉、辣椒干、花椒	341	2456.8
14	药材类	植物性中药材	601	2794.4
15	干果类	板栗、干红枣、核桃仁	630	4541.9
16	动物肉脏及杂碎类	羊、牛、猪等动物肉脏及杂碎	780	15335.9
17	动物水产品类	水产品	1400	28781.1
18	水果	鲜梨、苹果、葡萄	2266	6160
19	食品添加剂		6775	37791.5

注：罐头类以外的产品出口数据均不包含罐头食品。

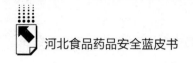

二 监督管理状况

（一）行政许可情况

出口食品生产企业备案情况：2014年河北局辖区有效卫生备案企业共计585家，其中"D"类编号之外企业384家。384家卫生备案企业中，按备案类别看，企业总数居前六位的依次是Z08速冻/脱水果蔬、Z01罐头、Z02水产、Z05肠衣、Z21盐渍菜、Z03肉及肉制品；有对外注册企业85家，其中罐头类7家、水产品类32家、肉及肉制品类13家、肠衣类29家、果蔬汁类4家。

进口食品备案：2014年对河北辖区18家进口肉类备案收货人进行了审核，其中11家通过了审核并报送国家质检总局食品局备批，受理进口动物源食品《进境动植物检疫许可证》46份，否决3份。

出口水果加工厂注册：河北共有水果注册包装厂（加工企业）62家，出口注册果园246个，注册面积15.5万亩。

口岸食品生产许可：河北口岸食品生产经营单位卫生许可共计75家，其中航空配餐企业2家，餐饮单位11家，食品经营单位62家。

（二）主要及敏感进出口食品质量状况分析

1. 进口大豆

（1）基本情况

①检验监管情况。河北大豆进境口岸严格按照《国家质检总局检验检疫工作手册》规定的进出境大豆检验检疫工作程序实施检验检疫。同时，按照国家质检总局2014年度进出口食用农产品和饲料安全风险监控计划的要求，对进境大豆的重点监控物质和一般监控物

质进行了监控，进境大豆每船进行转基因大豆符合性检测。对进口大豆的装卸、运输、加工产生的下脚料处理等环节进行了严格监管，对进口大豆装卸港口、码头、运输沿线、存储库、加工厂及周边地区开展了外来有害杂草的监测和调查工作，有效防止了疫情随进境粮谷传入和扩散。

②进口大豆数据统计。河北进境大豆有秦皇岛和京唐港两个口岸，2014年共进口大豆19船、49批次，90.7万吨，货值52604.55万美元。其中进口美国大豆11船、17批次、58.35吨、货值33485.53万美元，进口巴西大豆6船、29批次、24.94万吨、货值14978.11万美元，进口阿根廷大豆1船、1批次、3.62万吨、货值1953.29万美元，进口加拿大大豆1船、2批次、3.79万吨、货值2187.62万美元。输出国家有美国、巴西、阿根廷、加拿大。

（2）综合分析

①质量状况综述

2014年河北进境的大豆经检疫都不符合我国检疫要求，检疫截获率为100%，大豆品质不合格项目只有杂质一项，安全风险监控物质检测和大豆转基因符合性检测符合要求，并在一船进口美国大豆中检出种衣剂大豆。

②检验检疫情况

品质检验情况：2014年河北进境大豆品质只有一船次美国大豆杂质不合格，重量为5.99万吨，货值3281.83美元，占进口大豆总量的6.6%。大豆杂质超标的原因主要是加工过筛不细或其他人为因素。

检疫截获情况：2014年河北进口大豆疫情截获率为100%，截获检疫性杂草16种、217种次，截获的检疫性杂草有假高粱、黑高粱、刺蒺藜草、豚草，三裂叶豚草、苍耳（非中国种）、长芒苋、锯齿大戟、阿洛葵、意大利苍耳、北美苍耳、猥实苍耳、滨州苍耳、刺苍耳、北美刺龙葵、沃氏苍耳，其中截获假高粱 12 船 24 种次、黑高粱3 船 5 种次、刺蒺藜草 7 船 30 种次、豚草 12 船 21 种次、三裂叶豚草11 船 17 种次、苍耳属（非中国种）15 船 33 种次、长芒苋 10 船 13种次、锯齿大戟 7 船 30 种次。阿洛葵 2 船 8 种次、意大利苍耳 1 船 2种次、北美苍耳 2 船 8 种次、猥实苍耳 3 船 11 种次、滨州苍耳 3 船 5种次、刺苍耳 2 船 9 种次、北美刺龙葵 1 船 2 种次，沃氏苍耳 3 船、6 种次。截获一般性有害生物有杂草 39 种 636 种次，真菌 11 种 204种次。造成进口大豆携带疫情较严重原因是进口大豆来自这些检疫性杂草的分布区。

进口大豆安全卫生检测情况：针对进口大豆普遍使用熏蒸剂的情况，重点对表层大豆进行了熏蒸剂残留检测，检测结果全部合格；进口大豆黄曲霉毒素实施批批检测，均未检出；转基因大豆符合性检测全部合格；对进口大豆开展了安全风险监控工作，检测结果全部合格，只在美国大豆中检出铅，含量为 0.051mg/kg，没有超标。

秦皇岛口岸在"JOYOUS LAND"轮装载的进口美国大豆检出含有吡虫啉、甲霜灵的种衣剂大豆，按照国家质检总局相关要求对该船大豆进行了人工挑选处理。

③采取的措施

一是加强进口大豆检验检疫，做好进口大豆后续监管及下脚料处理监管工作。针对进口粮谷疫情截获率居高不下的情况，河北局要求各口岸在加强检验检疫的同时，做好进口大豆的后续监管工作：首先，做好卸船监管及下脚料处理的后续监管工作，要求企业每月定期汇报下脚料产生和处理情况，不定期下厂监管下脚料处理情况；其次，加强国储大豆调运、出入库过程监管，核对出入库数量，防止进口大豆外流和挪作他用；再次，针对安全卫生问题，在加强进口安全风险监控及转基因监控工作的基础上，重点抽查合同外可能经常使用的农药，确保进口粮谷的卫生安全；最后，针对进口品质不合格情况，及时和企业沟通、出具证书，尽量为企业挽回经济损失，达到减少杂质超标大豆输入，降低有害生物传入风险。

二是做好进口大豆疫情调查工作。为有效防止外来有害生物的定植和传播，做好进口粮谷外来有害生物的监测和调查工作。监测和调查范围重点放在进口粮谷定点加工厂、国储库和进口粮谷储存库及周边地区，进口粮谷装卸港口、矿堆、码头、运输的铁路和公路沿线，发现检疫性有害杂草，及时采取拔除、铲除和喷洒除草剂灭活处理，防止外来有害杂草对外扩散。

（3）检验检疫监管工作建议

①国外检验标准与国内检验标准不统一，造成检验结果不一致，经检验不合格的粮谷，国外却出具了合格结果，这些不合格粮谷携带的疫情严重影响了我国的生态安全和企业的经济效益，而且企业结算一般以装港检验结果为准，遇到不合格情况索赔非常困难。建议国家质检总局进一步加强与国外检验检疫机构的交流，统一国内外粮食检验标准，开展装船前检验工作或者委托第三方检测机构进行出口前检验并出具证书，达到真正的货证相符。

②近年来进口大豆安全风险监控的数据统计结果显示，大豆中农残和有毒有害物质不合格率较低，建议国家质检总局加大对主要输出国大豆中农药使用情况信息收集工作，有针对性地增加国外使用农药的监控项目，把好进口大豆质量安全关。

③针对进口大豆中发现的各种质量安全问题，如进口大豆中携带种衣剂大豆情况。建议国家质检总局对输华大豆加工企业开展注册登记工作，要求输出国对输华大豆采取全过程监控措施，确保输华大豆质量安全。同时加大对外违规通报力度，通过对国外出口企业采取风险预警、黑名单等措施，敦促国外检验检疫机构关注并及时解决存在的问题。

④加强与进口大豆相关的科研制标工作。建议进口大豆协作组组

长单位牵头做好进口大豆检疫性有害生物检疫鉴定方法或标准的制定、整理工作，并定期开展培训工作，同时加快进口大豆检出检疫性有害生物后的检疫处理方法的研究工作，构筑防止外来有害生物传入的屏障和防线，真正做到"检的出、防得住、灭得掉"。

2. 进口肠衣

（1）基本情况

河北辖区现有8家企业从事肠衣来料/进料加工贸易，其中保定5家、廊坊3家。进口盐渍猪肠衣大部分加工为干制猪肠衣成品出口，少部分加工成盐渍猪肠衣成品出口；进口的盐渍羊肠衣全部来自荷兰，均为来料加工，成品出口德国。2014年，全省进口肠衣210批，数量为5181.4吨，价值735.1万美元分别比2013年上涨20.7%、26.7%和35.5%（见表3）。

表3 进口肠衣贸易情况

产品	2013年			2014年		
	批次	数量（吨）	金额（万美元）	批次	数量（吨）	金额（万美元）
盐渍猪肠衣	164	3939.2	443.5	202	5061.4	652.9
盐渍绵羊肠衣	10	150	99.1	8	120	82.2
合 计	174	4089.2	542.6	210	5181.4	735.1

河北辖区进境肠衣贸易方式以来/进料加工为主，进境产品为盐渍猪肠衣和盐渍羊肠衣，主要贸易国家为德国、西班牙和比利时，加工复出口产品为盐渍猪肠衣、盐渍绵羊肠衣和干制猪肠衣。

（2）检验检疫监管情况

①监管情况

进口肠衣加工、存放企业须取得国家质检总局批准的进境肠衣定点加工、存放企业资格。国家质检总局要求对进境肠衣定点加工、存放企业进行年审，并填写《进境肠衣加工、存放企业年审考核表》。

根据国家质检总局相关要求，对进境肠衣严格按照《进境动植物检验检疫许可证》的要求，对每批到厂货物现场开箱检验、消毒，依照 GB/T7740－2006《天然肠衣》要求，现场批批采集样品，送实验室进行氯霉素和硝基呋喃代谢物兽药残留项目检测。对货证相符、现场检验检疫和实验室检测合格的产品签发《入境货物检验检疫证明》，准予进境肠衣加工。经检验检疫不合格的入境货物，签发《检验检疫处理通知书》；需对外索赔的，视情况出具《检验证书》，并在此基础开展相应的不合格产品后续督查工作。

②质量安全状况

从检验检疫情况来看，进口猪肠衣产品质量比较稳定，均无违禁药物检出或超标，也未发生过国内外预警通报（见表4）。

表4　进口检验不合格情况

单位：个，%

产品	2013 年		2014 年	
	不合格批次	合格率	不合格批次	合格率
盐渍猪肠衣	0	100	0	100
盐渍绵羊肠衣	0	100	0	100

（3）经验和存在的问题

①成功的办法及经验

进境肠衣为高敏感、高风险动物源性食品，不仅涉及兽药残留超标的风险而且还有传带动物疫情的风险。因此，河北检验检疫局不断加强对进境肠衣的检验检疫和后续监管工作。一是严把进境肠衣定点加工企业年审关。重点审核企业在运输、生产、加工、存放和对下脚料的无害化处理过程中各项兽医卫生防疫制度的建立和落实情况。要求制度上墙，做到人人知制度，人人守制度。二是严把检验检疫关。对进境肠衣进行严格检验检疫，重点核查是否符合"三原"即原柜、原封识和原证书的规定；严查货物有无腐败变质，容器、包装是否完好；现场监督企业对运输车辆、集装箱、装载容器、铺垫材料和被污染场地等进行消毒处理。三是严把原料检测关。对进境肠衣，严格按照国家标准要求采样，确保所采取的样品具有代表性，重点对氯霉素、硝基呋喃（代谢物）、磺胺类药物和有机氯进行检测，对不符合要求的原料，不允许企业投入生产。四是严把监督管理关。对进境肠衣加工企业进行定期和不定期的监督管理，重点检查企业是否按照溯源制度的要求对生产加工情况进行了完整的记录，肠衣原料、半成品、成品是否标识清楚并具备可追溯性，进境肠衣的下脚料是否按要求进行了无害化处理；对来（进）料肠衣加工复出口产品凭入境货物检验检疫证明，根据企业加工的溯源和过程控制情况进行核销，确保来（进）料肠衣全进全出。五是加强检企交流，提高企业管理水平及抵御风险能力。通过建立检企交流平台，检验检疫人员将最新的法律法规、规范标准、国外预警信息第一时间发布到业务交流平台，使企业方便快捷地获得相关信息。与此同时，以迎接欧盟官方检查为契机，对辖区企业开展法规培训，帮助企业完善体系文件、现场对标、模拟演练等，系统提高辖区出口肠衣企业管理水平。

②存在的问题及风险

部分进口肠衣为残货，由于进口商对其品质要求不高，存在长度、色泽和皮质较差、盐渍不均匀的情况，应对此类商品关注是否有腐败、变质的问题发生。

（4）对进境肠衣检验检疫工作建议和改进措施

一是加强企业诚信体系建设，引入风险评估分析，做到科学研判，解决众多企业发展过程中存在的急需解决的困难和问题。二是做好咨询服务，使企业对进境肠衣检验检疫政策、定点加工厂条件和工作流程有充分的了解。三是指导企业对进境原料建立完整的记录档案，准确填写监管手册，完善溯源体系和兽医卫生防疫制度。

四是利用进境肠衣定点加工企业年审的机会，对进境肠衣加工、存放企业开展法律责任、质量意识、诚信意识的宣传教育活动，规范企业的自觉守法行为，全面提升辖区进境肠衣产业水平，通过年审，确保企业持续符合《进境肠衣定点加工、存放企业检验检疫卫生条件》。

3. 进口肉类

（1）基本情况

2014年河北局共检验检疫进口畜肉产品123批次、1895吨、货值646万美元，比2013年分别降低了36.3%、26.2%、21.2%。其中，进口猪肉62批次、1506吨，牛肉61批次、389吨。猪肉主要进口自西班牙和加拿大，牛肉主要进口自澳大利亚。

（2）检验检疫监管情况

河北局按照《进出口肉类产品检验检疫监督管理办法》及有关文件要求，对进口肉类收货人、进口肉类备案存储冷库实施备案管理，对企业及其进口产品实施日常及定期监管。一是做好日常监管。到生产、储存现场查看工作环境卫生、各种记录、实际操作是否符合企业管理体系规定及国家相关要求。二是进行定期监管。按照企业质量手册对进境原料的管理工作进行全面考核。三是每年进行一次进境肉类收货人及定点存储冷库年审，对防疫条件、仓储状况、遵纪守法情况作为考核重点。对生产人员是否持有健康证、进境原料定点加工有无专项培训记录等情况进行检查。

由于进口企业的肉类多为进料加工，河北局在进境时对原料进行物理和微生物抽样检测，在出口时对成品进行药残（主要是抗生素）、添加物和微生物的检测。

（3）质量状况

近年来河北进口畜肉产品整体质量安全状况较好，未发生质量安全问题。

4. 出口干坚果

（1）业务统计数据

2014 年出口干坚果类产品贸易总体来看呈现稳定态势，出口批次、金额较 2013 年略有减少（见表5）。

表5　出口干坚果类检验

产品		2014 年			2013 年		
干坚果类		批次	数量（吨）	金额（万美元）	批次	数量（吨）	金额（万美元）
	干果类	872	17643.1	6565.6	895	19531.3	5926.1
	熟制炒货类	501	6199.7	1979.2	579	8338.3	2659.9
合　计		1373	23842.8	8544.8	1474	27869.6	8586

（2）主要出口市场情况

出口干果类包括核桃（仁）、甜杏仁、苦杏仁、板栗、干枣、柿饼及其他干果等，主要输往中国台湾、德国、日本、韩国等国家和地区；出口干坚果、炒货类包括熟制花生、熟制开心果、熟制栗仁等，主要输往日本、美国等。

（3）质量状况分析

2014 年河北辖区出境干坚果类产品未发生国外预警通报，全年共检出出口不合格烘焙花生 1 批，不合格原因：包装不合格，采取了返工整理处理措施。

（4）检验检疫监管情况

一是加强对企业的监管，积极要求企业实施了食品安全防护计划和产品追溯体系，鼓励企业进行包括 HACCP 体系、日本有机食品（JAS）、欧盟有机认证、BRC 认证等在内的体系认证。

二是加强对企业的日常监管，强化对质检和生产人员的安全、卫生意识的培训，组织针对企业实验室检测人员的培训及微生物检测能力验证，使企业化验员的食品检验理论和实际操作能力得到较大提高。

三是建立出口干坚果风险会商制度，每年出口季到来前，对本年对出口产品风险进行会商，根据会商结果，对出口产品进行风险监控和农药检测。

（5）成功经验和存在的问题

①成功经验

一是要加强对企业的监管，落实相关的监管计划；二是强化对出口原料基地的管理；三是建立健全相关产品的安全防护体系和产品追溯体系；四是鼓励企业建立必要的质量管理体系；五是加强对企业对质量管理和生产人员的安全、卫生意识等方面的培训。

②存在的主要问题

一是部分出口干坚果类商品缺少自主品牌，主要为国外提供贴牌生产，销售包装上的标识内容大部分由客户指定，较混乱；二是板栗产品存在一种包装袋多国使用的情况，当出口到美国、加拿大、中国香港有特殊"营养标签"要求的国家和地区时不符合要求；三是对潜在市场的相关法律法规要求了解较少；四是原料产地农业用药实地调查情况主要依靠企业完成，企业是否掌握了完整真实的情况以及企业的诚信情况具有不确定性；五是由于国外消费市场消费低迷及汇率影响，企业订单锐减，企业由原来的连续生产变为间歇生产，企业人员流动性增大，企业人员的质量安全意识和应对突发事件的能力还需进一步提升。

（6）下一步工作建议

一是加大对有关进口国干坚果质量安全标准的搜集力度，加强系统内部的沟通交流，促进干坚果的快速、安全、稳定出口。

二是加大与地方政府相关部门的协作，从源头抓起，以建立出口质量安全示范区为契机，拓宽"市场牵龙头、龙头连基地、基地带农户"的渠道，确保出口干坚果的健康发展。

三是继续开展对干果类产品主产区的农药使用、疫病疫情发生等情况调查工作，做好干坚果类产品的农药残留检测工作。

四是增强对企业法律法规的培训和宣传力度，进一步提高出口生产企业主体责任意识，使企业充分认识到食品安全无小事，强化对出口企业诚信体系和自律机制的建设，强化出口食品生产企业的守法意识，不断增强企业提高食品安全质量的主观能动性。

五是在保证产品安全质量的前提下，努力探索以风险分析为基础的分类管理，这将有利于加快通关速度。

5. 出口蔬菜

（1）业务统计数据

河北局辖区内出口蔬菜类产品有出口保鲜蔬菜、速冻蔬菜、脱水蔬菜、腌渍蔬菜和蔬菜罐头。2013～2014年出口蔬菜类产品贸易总体来看呈现稳定态势，出口数量和金额稳中有升（见表6）。

表6　出口蔬菜检验

产品		2013 年			2014 年		
		批次	数量（吨）	金额（万美元）	批次	数量（吨）	金额（万美元）
蔬菜类	保鲜蔬菜	5006	89210.7	5775.4	4545	84540.4	5436.4
	脱水蔬菜	207	4357.2	866.8	176	3388.1	706.3
	冷冻蔬菜	1373	27514.5	3863.5	1312	36630.3	3584.6
	腌渍菜	327	7908.5	967.3	302	8287.7	996.9
	水煮蔬菜	6	755.1	42.3	23	1086.7	75.2
	其他蔬菜制品	82	1437.1	297.2	175	2781.7	625.3
	蔬菜罐头	850	43100.7	5096.1	907	49437	5989.4
合　计		7851	174283.8	16908.6	7440	186151.9	17414.1

（2）主要出口市场情况

出口冷藏蔬菜包括白菜、萝卜、花菜、甘蓝、生菜、芹菜、食用菌等，主要输往东南亚、日本、韩国、中国台湾等国家和地区；出口速冻蔬菜品种包括速冻玉米、青豆、胡萝卜、洋葱、食用菌及混合菜等，主要输往日本、韩国、美国、印度尼西亚、菲律宾、俄罗斯、欧盟等国家和地区；脱水蔬菜主要为脱水蒜片（粒），主要输往美国、德国、加拿大等国家；腌渍菜主要输往日本、意大利、马来西亚等国家；蔬菜罐头包括番茄酱罐头、甜玉米罐头、食用菌罐头等，主要输往日本、俄罗斯、乌克兰、美国等国家。

（3）质量状况分析

2014 年河北辖区出境蔬菜未发生国外预警通报，全年共检出出口不合格保鲜蔬菜 2 批，不合格原因：未加贴使用说明、标签不合格；检出不合格冷冻蔬菜 2 批，不合格原因：农残超标，采取了不准出境处理措施。

2014 年全省完成安全风险监控样品有：辣椒 8 个、大白菜 3 个、甘蓝 3 个，西兰花 6 个、胡萝卜 8 个、白萝卜 5 个、蔬菜罐头 14 个，得到 402 个检测数据，未发现有超出限量的情况。

（4）检验检疫监管情况

①出口蔬菜种植基地实施备案管理

一是依照《食品安全法》等相关法律法规及国家质检总局的有关要求，河北局对所有出口蔬菜类产品的生产加工企业实施备案管理，采用日常监督管理、定期监督管理和换证复查相结合的监管方式对企业的原料种植管理、入厂验收、生产加工、成品检验等过程进行监管；二是严格按照进口国家或地区的卫生质量安全标准和我国的相关标准规程对出口的产品进行检验检疫，在风险分析的基础上，进一步明确检验检疫监督管理的重点检测项目，提高了检验检疫工作的有效性和针对性，保证了出口蔬菜类产品的质量和安全水平。

②源头控制

按照《出口食品原料种植场备案管理规定》及河北局有关文件要求，针对蔬菜类产品的检验检疫风险点，为了从源头上控制产品质量，检验人员多次深入蔬菜种植基地进行日常监管、定期监管，了解基地的田间管理、农药市场的监督、农药的合理使用等情况及对种植基地周边环境、灌溉水源、种植户的农药使用常识及违禁农药的使用等进行实地考察，并按照不同种植基地、不同种植品种分别采集样品进行农用化学品残留检测，核定基地产量，实施出口核销管理。

③示范区建设

一是河北局领导高度重视示范区建设工作，将示范区建设列入党组 2014 年要集中精力抓好的五件大事实事。2014 年初，河北局向省政府提交了《关于加快推进出口质量安全示范区建设的请示》，使河北省示范区建设工作得到省主管领导的高度重视，这为河北示范区建设取得新进展提供了保障。二是加强示范区管理，巩固示范区质量。2014 年河北局对在建示范区进行了清理，停建了 5 家多年没有任何进展、政府缺乏建设积极性的"示范区"，使河北出口食品质量安全示范区的整体质量得到了保障和提高。三是进一步加大对示范区出口产品的优惠力度，提高示范区建设的积极性。2014 年，河北局在积极落实总局对出口食品（农产品）质量安全示范区的相关检验检疫监管便利措施的同时，还在日常出口食品检验监管工作中对示范区进行了倾斜，进一步促进示范区的健康快速发展。

（5）成功经验和存在的问题

①检验检疫和监管工作中积累的经验。一是重视源头把关。大多数蔬菜类产品的原料来自出口备案基地，对基地作物生长季节的生长情况、病虫害发生情况和农用化学品使用情况及作物采收情况实施严密监管，不允许在出口源头上出现弄虚作假及存在安全隐患的情况。二是加强生产管理。强化企业负责人"质量安全责任第一人"的意

识，要求企业严格管理，落实质量体系的运行。同时加强对生产加工期间的企业监管，加强溯源管理，防止企业在生产加工过程中人为原因或疏忽导致质量不过关。三是严格出口前检验检疫。每批产品在出口前都经过检验检疫人员的严格把关，将出口产品的质量安全风险降至最低。

②检验检疫和监管工作中存在的问题和需要完善的方面。一是有关出口速冻蔬菜微生物限量的相关标准有所缺失，对出口国家亦无要求的，微生物限量按照企业标准和合同执行。二是出口腌渍菜原料种植基地备案存在一定困难，备案种植基地门槛较高，在种植面积和隔离要求方面要求都很严格，腌渍菜产品利润较低，企业在种植基地上投入高费用，会导致产品成本提高，利润减少。三是我国蔬菜实施产品质量安全管理的时间短，管理经验欠缺，技术水平不高，企业在接受出口生产标准规范、管理规范和安全卫生检查稍显被动，自身标准化体系和质量安全管理体系不够硬实，基地建设、肥料、农药的使用，包装运输等方面的生产安全意识和技术手段，跟不上国际出口市场发展的要求，在一定程度上加大了出口产品的风险，蔬菜质量安全保障水平亟待提高。

（6）下一步工作建议

一是加强风险分析，推进分类管理。充分考虑出口品种的特点及种植过程中存在的风险，加工过程中产生有毒有害物质和造成微生物污染的风险，加工过程中是否存在添加物的风险，生产、加工和出口企业对出口产品质量控制能力的风险等各个环节的风险评估和研判，确定不同产品的风险级别和重点检测、监控项目，并针对企业的硬件条件、管理水平进行分级，并根据预警通报、检测数据和监控情况做动态调整，以更快更稳地对企业和产品进行监管和检验检疫。

二是建立检企信息沟通机制，增强跨越壁垒能力。检企间应当加强协作，在促进产品质量提高的同时，要加强信息沟通，以共同提高抗击出口风险的能力。检验检疫机构在促进和扩大该行业持续发展的过程中，应更多地发挥人才、信息优势。通过各种渠道及时收集各个国家和地区有关保鲜蔬菜的法律法规、技术标准及安全卫生项目限量要求等，并及时向出口企业做好宣传，使企业早了解、早应对、早化解，确保出口不受影响或少受影响。同时，作为互动，也应鼓励企业及时向检验检疫机构反映进口国新要求、国外市场新变化和企业的新需求，以便检双方未雨绸缪，研究对策，共同做好各项规避和跨越壁垒的工作。

三是加强对企业的扶持，提高出口整体水平。要加强对国际蔬菜生产、市场、品种、消费偏好和季节趋势的研究，以指导出口生产。通过举办蔬菜展销推介会，参加境外蔬菜博览会等多种形式的海外营销活动，扩大我国蔬菜的国际影响力，积极扶持一批农产品经营龙头企业，发展一批拳头产品，建立从国内到国际的营销网络。坚持走小产品、市场化、产业化、组织化的发展道路，通过合作、加盟等多种形式的蔬菜产业集群或产销联合体，发展国际化现代蔬菜产业。同时切实加强蔬菜质量安全管理，提高产品安全卫生质量，积极开展无公害、绿色、有机农产品标准化生产技术培训和推广应用，实施产地认证制，产品标识、标签等措施，建立、健全我国蔬菜产业标准体系，推进蔬菜生产过程标准的贯彻和落实。

四是与政府部门积极沟通，推动出口备案基地建设。企业需要具备成规模的出口农产品备案基地并负责对备案基地进行管理，无形之中增加了出口农产品的生产成本。建议与政府部门沟通，由政府主导，结合区域经济发展特点，确定对出口备案基地的产业布局和区域布局，有针对性地进行培育和扶持并形成长效运行机制，加快出口农产品备案基地的建设，同时因地制宜、整合资源，逐步提供技术研发、生产管理、产品检测等环节的服务平台，形成与出口备案基地相配套的服务体系。

6. 出口食用菌

（1）业务统计数据

河北局辖区内出口食用菌类产品为出口保鲜食用菌、食用菌罐头、冷冻食用菌、盐水蘑菇、香菇等。2013～2014年出口食用菌类产品贸易总体来看呈现稳定增长态势，出口批次和金额分别同比增长24.25%、36.36%。具体品种出口量如表7所示。

表7　出口食用菌检验

产品		2014 年			2013 年		
		批次	数量（吨）	金额（万美元）	批次	数量（吨）	金额（万美元）
食用菌类	保鲜类	299	2726.1	1039.6	150	1114.7	412.2
	罐头类	130	2252.3	446.3	145	2619.6	503.3
	冷冻类	124	2128.4	299.9	123	2153.6	286.1
	盐渍类	66	1312.5	243.2	77	1640	286.4
	脱水类	6	56.2	46.9	8	49.1	34.4
合　计		625	8475.5	2075.9	503	7577	1522.4

（2）主要出口市场情况

出口保鲜食用菌包括鲜香菇等，主要输往韩国、荷兰、美国等国家；出口食用菌罐头包括调味滑子菇罐头、调味松菇罐头、调味香菇罐头、姬菇罐头、金针菇罐头、双孢菇片罐头等，主要输往日本、以色列、俄罗斯、美国等国家；盐渍食用菌主要为盐水蘑菇、盐水香菇和盐渍蘑菇菌块，主要输往哈萨克斯坦、日本、意大利、德国等国家；速冻食用菌包括冷冻混合菇、冷冻平菇、冷冻香菇、速冻滑子菇、速冻牛肝菌、速冻松菇等，主要输往德国、韩国、俄罗斯、意大利、西班牙等国家。

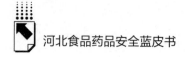

（3）质量状况分析

2014年河北辖区出境食用菌产品质量稳定，未发生国外预警通报，未检出出境不合格情况。

（4）检验检疫监管情况

河北局对食品出口企业实行备案管理，对原料、生产、加工、环境、厂房、车间等各个环节，以及质量体系的有效运行情况，各种生产记录的完整性，产品的追溯体系是否健全等方面进行监督管理。按照要求对食用菌原料实施基地备案管理。对出口食用菌产品按照相关检验标准和规程严格实施检验检疫，参照欧盟等国外限量标准，原料入厂前按照不同种植基地、不同原料区域划分原料批，有针对性地检测农残、重金属项目，针对生产加工过程，在成品出口前明确不同项目出口不同国家的抽检频率，主要检测甲胺磷、对硫磷、毒死蜱、敌敌畏、六六六、甲氰菊酯、氰戊菊酯、乐果、百菌清等农残项目，铅、镉、汞、砷重金属项目和微生物、添加剂等项目。

（5）成功经验

一是依托出口食用菌示范区的示范，做大做强食用菌产业蛋糕。河北省承德市平泉县作为河北辖区内首个国家级出口食用菌质量安全示范区，其模范带动作用必将逐年加强。河北局通过检政合作、检企合作的工作模式，三位一体共同推进示范区产品数量上规模、管理上水平。从种植到生产、加工全程监管，积极支持示范区建设，促进了全县食用菌出口量稳步提升，出口效益不断增加。

二是积极探索基地备案监管工作新模式，努力做到"三个统一"，一是统一成立基地备案工作组；二是统一规范基地备案工作流程及监督检查职责；三是统一备案基地原料风险管理措施。

（6）存在问题和建议

一是我国食用菌罐头方面的法律法规和技术标准与国外相比还存在一定差距，应继续加大对食用菌产品的相关限量标准及农残等检测方法的搜集和研发，尽快解决我国标准方面滞后的问题。

二是目前使用较广泛的农药如除虫菊酯、有机磷类等并未对食用菌使用方法、间隔期及残留限量等做出要求。在食用菌种植过程中，希望可研究制订更多种类农药的使用方法及确定安全间隔期等，以便更好地指导广大菇农安全、合理选用农药。

三是在食用菌罐头检验监管过程中，主要发现以下方面存在风险：首先是原料管理风险。每批食用菌制品所用原料很难确保100%来自同一个原料基地，虽然能通过生产记录等方式追溯到来自哪几个原料产地，但是增加了检验把关的难度。虽然随着近年来食用菌基地建设的逐步推广，菇农对农药如何正确使用越来越清楚，但还是部分存在滥用农药的情况，这给监管带来一定困难，使得出口食用菌存在一定风险。其次是野生食用菌中虫道、虫体风险。野生食用菌类罐头产品中普遍存在一定比例虫道，个别虫道较严重的菇体内部存在死虫体，这些都给该类产品出口带来隐患。虽然目前国外客户对此问题比较认可，且官方并未就此出台限制措施，但随着近年贸易主义保护的抬头，有可能成为国外政府贸易保护的"武器"。再次是农药风险。目前市场上销售的食用菌所用农药较混乱，部分存在一药多名、成分标识不清甚至多种成分农药只标识一种的现象，最终增加了成品农药残留带来的风险。最后是贸易风险。部分贸易国家的质量安全、卫生要求以及检疫等要求的信息收集难度较大，部分信息相对滞后、查找困难，且大部分可查询到的信息为外文，翻译较困难。

（7）下一步工作建议

一是继续加大对出口企业的监管力度，加大对菇农食用菌方面种植技术、用药规定的宣传培训，以地方政府为主导不断强化原料安全；重点帮扶一批大型龙头企业发展，以政府主导、检验检疫辅助的方式推动产业升级，促使企业的品牌做大做强。

二是时刻关注食用菌方面国外的最新贸易措施信息，及时反馈给出口企业和地方政府相关部门，做好应对工作。加强国内各检验检疫机构和企业建立信息互通、质量信息共享机制，降低风险。

7. 出口粮食制品

（1）业务统计数据

河北局辖区内出口粮食制品有出口面条（挂面、方便面）、红豆馅、粉丝（皮）、速冻春卷、玉米淀粉等。2014年出口粮食制品类产品贸易总体来看呈现平稳态势，出口批次和金额与2013年相比略有减少（见表8）。

表8　出口粮食制品检验

年度	2014 年			2013 年		
产品	批次	数量(吨)	金额(万美元)	批次	数量(吨)	金额(万美元)
面条	42	419.3	36.6	36	331.6	28.6
方便面	231	4493.4	830	207	4219.9	793.8
红豆馅	188	9356	1054.8	208	10882.5	1126.3
粉丝	821	12950.3	1486.4	895	15719.7	1887.8
速冻春卷	73	1348.7	227.5	26	496.2	83.1
玉米淀粉	261	14919.9	823.5	319	18382.1	986.3
合　计	1616	43487.6	4458.8	1691	50032	4905.9

（2）主要出口市场情况

出口面制品包括挂面、方便面，主要输往澳大利亚、蒙古、所罗门群岛、美国等国家；出口红豆馅主要输往日本、韩国等国家；出口粉丝（皮）主要输往韩国、澳大利亚、加拿大等国家；出口玉米淀粉主要输往澳大利亚、印度尼西亚、马来西亚、菲律宾等国家；出口速冻春卷主要输往澳大利亚、瑞典等国家。

（3）质量状况分析

①出口总体质量情况。2014年河北辖区出境粮食制品未发生国

外预警通报，全年共检出出口红豆馅2批，不合格原因：货物包装标识不符合进境国要求，包装日期打印不清，采取返工整理处理措施。

②安全风险监控情况。2014年全省完成安全风险监控样品22个，包括红豆馅3个，淀粉、粉丝14个，面制品5个，得到53个检测数据，其中，4个粉丝样品的铝超过限量标准，2个方便面样品的铝超过限量标准。粉丝样品中检出铝，可能与原料土壤、灌溉用水等环境因素有关。相关部门将关注产品中铝项目的数据变化情况，并重点关注主要贸易国家或地区对铝残留限量要求，一旦有出口到欧盟等高风险地区的情况，要积极做好应对措施。方便面样品中检出铝，可能与原料小麦中的铝含量高有关。小麦自身成长环境中土壤酸化会引起铝溶出，造成小麦等农作物中存在铝。另外，使用含铝的污水灌溉麦田、酸雨的降淋等外部不确定的污染源也都会对小麦中的铝含量产生影响，生产出的方便面成品也随之产生铝含量超标的问题。

（4）检验检疫监管情况

①总体要求。目前，出口粮食制品的检验检疫涉及动植物检疫、安全卫生两项。安全卫生项目具体包括微生物、毒素、有害残留、重金属等相关项目。

②出口粮食制品检验检疫及监管情况。依照《出口粮食制品检验规程》及各产品对应的具体标准进行检验检疫，并按照《出口食品生产企业备案管理规定》和各机构制订的定期监管计划将重点在原辅料的进厂验收控制、关键控制点、有毒有害品的有效管理、食品添加剂的使用等方面进行监督管理。针对监管中发现的问题，现场监管人员及时分析原因，要求企业制订有针对性的整改措施，对产品实施详细的风险分析，保证产品质量安全，做到整改有效，体系运行正常。同时，按照国家质检总局及河北局工作部署，加大对食品掺杂使假、非法添加和滥用食品添加剂的治理力度，对所辖出口粮食制品生产企业逐一进行排查，核查企业原辅料、添加剂的出入库记录、进厂

验收记录及使用记录和溯源情况。

（5）成功经验和存在的问题

①检验检疫和监管工作中积累的经验。一是采取风险分析，进行分类管理。以风险分析为依据，科学评估，综合考虑进出口粮食制品的特性、用途、进出口企业资质等因素，制订有针对性的检验检疫监管方案。二是规范查验制度，加快通检速度。制订进出口粮食制品检验检疫操作指南，统一规范现场查验制度。保证一次开箱完成集装箱检疫、木质包装检疫、货物查验工作，确保每批货物能够及时高效完成现场查验。三是扎实开展基础工作，强化监管力度。坚持以"抓质量、保安全、促发展、强质检"为统领，一方面扎实做好出口粮食制品的检验检疫及监督管理等各项基础性工作；另一方面积极在出口粮食制品生产企业中开展出口食品生产企业分类管理、出口食品安全领域"潜规则"排查、产品质量状况分析等各项活动，保证辖区出口粮食制品质量的持续稳定，有力保障了安全底线，做到了检验促发展，整治出实效，监管上水平。

②存在的问题。一是现阶段的粮食制品主要作为食品加工原料使用，国家还没有与此相应的检验检疫规程和标准，部分产品的实验室检测项目及结果判定没有严谨的对应文件。二是检验周期长，在集装箱中存放费用较大，货主难以承受，但卸至普通仓库，卫生条件不一定能满足要求，如在储存期间货物产生变质或变化，检疫风险无法分析，且责任不好划分，容易产生纠纷。三是检验检疫和监管工作中存在的风险：外商对我国的相关法律法规不了解，进出口商不注重在产品的卫生、包装及标识等方面提出具体的要求，客观上提高了食品安全风险。

（6）下一步工作建议

一是在风险分析的基础上，尽快出台相应针对性更强的检验检疫标准，提高检验检疫的效率。

二是加强口岸检验检疫局和收发货企业所在地检验检疫局之间的

合作交流，共同做好进出口粮食制品的检验检疫监管工作。

三是强化原辅料源头管理，保障产品质量安全。加强对出口粮食制品原料检验环节的控制，要求其原料必须符合国家相关卫生标准。

8. 出口中药材

（1）业务统计数据

2014 年河北辖区出口的中药材共 601 批，6430.7 吨，货值 2794.4 万美元，出口贸易总体来看呈现稳定态势，出口批次、货值较 2013 年分别增长 9.27%、16.39%。

（2）主要出口市场情况

河北出口中药材品种主要包括茯苓、甘草、川芎、黄芪、当归、大黄、白术等，主要输往德国、法国、印度尼西亚、日本、韩国、中国香港、中国台湾等国家和地区。

（3）质量状况分析

2014 年河北辖区出境药材未发生国外预警通报，全年共检出出口不合格产品 3 批，具体为山楂，不合格原因为二氧化硫超出进口国限量，采取不准出境处理。

（4）检验检疫监管情况

河北局对出口中药材的检验监管有两种模式：对于申报为"食用"的药食同源类中药材，依据《食品安全法》相关规定，按照出口食品进行管理，其生产企业需取得出口食品生产企业卫生备案资质。该类中药材产品既要满足进出口植物检疫要求，也要满足食品卫生检验的要求。对于申报为"药用"的药食同源类中药材和一般中药材，河北局在国家质检总局没有统一规范性文件的情况下，在其管理方面进行了积极摸索，拟制了《河北省出口植物源性中药材检验检疫风险管理指导意见》。

（5）成功经验和存在的问题

①检验检疫和监管工作中积累的经验。一是开展对标活动，提高

企业的质量意识。为进一步提升河北省出口中药材生产加工企业的质量管理水平，夯实出口产品的质量安全基础，服务外贸企业，提高河北省出口企业的国际竞争力。河北局组织召开了"全省出口中药材企业对标现场会"，全系统相关分支机构主管人员和25家出口中药材加工企业负责人参加了对标活动。通过树立标杆，组织观摩、交流、学习等方式，使出口企业看到了与标杆企业的差距，找出了自身存在的问题，了解到更多新信息、新情况，这有利于企业找准努力方向、制订赶超措施，进而全面提升出口企业的质量管理水平。二是强化风险管理，增强检验检疫工作的有效性。为提高执法把关的有效性，河北局组织成立了出口中药材风险分析工作组，并协调开展了河北出口中药材的风险分析工作，对河北出口中药材进行了质量分析，为增强出口中药材检验检疫工作的有效性提供了有力的技术支持。三是深入调研，探索建立完善出口植物源性中药材的检验检疫监管模式。为了进一步做好出口植物源性中药材的检验检疫监管工作，河北局对辖区植物源性中药材出口检验检疫监管情况进行了调研。通过与主管人员交流讨论、实地走访企业等方式，对河北省植物源性中药材的出口情况，检验检疫监管工作中存在的问题，中药材的病虫害发生情况和农药使用现状，企业对原料的自检自控情况、贸易情况、国外要求以及对检验检疫工作的建议等进行了深入了解，初步掌握了出口中药材主产区的相关资料，并在此基础上拟制了《河北省出口植物源性中药材检验检疫风险管理指导意见》，积极探索建立完善科学合理的检验检疫监管模式。

②检验检疫和监管工作中存在的问题。一是部分出口企业主体责任意识不强，管理水平、质量控制能力较弱。在出口中药材企业中，"小、乱、差"的情况大量存在，其质量安全主体责任意识淡薄，非法出口、出口后改变用途的情况时有发生；部分中药材企业管理水平偏低，相关专业知识匮乏，加工工艺简单，自检自控能力差，不能较

好地控制出口中药材产品质量安全。二是有毒有害物质污染较为突出。近三年来进出口中药材质量安全状况显示，中药材中有毒有害物质污染情况较为突出，涉及食品添加剂（二氧化硫）、重金属、农药残留超标等多种情况。三是监督管理有待完善。首先，职能定位不清。目前我国的中药材监管涉及卫生行政、食品药品监管、中医药管理和检验检疫等多个行政职能部门，各部门之间的职责、权限不明确。其次，我国现阶段没有统一的进出口中药材检验检疫管理规范，各地监督管理尺度不一，部分地区存在检验检疫业务流失到其他省份的情况。四是出口中药材源头监管难度大。中药材品种多、产地广，各产地土壤环境、气候条件千差万别，造成中药材品质存在较大差异；现有中药材种植模式主要为个体农户自主种植，地块分散，难成规模，栽培管理不科学、使用农药不规范的情况较为普遍；中药材出口量占全国总产量的比例很低，在国内中药材产品质量安全没有受到足够重视的情况下，增加了中药材原料质量的复杂性。五是大部分企业市场采购的模式加剧了源头监管的难度。六是质量标准缺失严重。进出口中药材检验检疫标准有较大缺口；对进口国家或地区中药材产品质量的要求不完全清楚，且查询渠道不畅；药材特性和有效成分的鉴定标准缺失。七是检疫风险不容忽视。部分中药材产品主要是以原材料的形式交易，产品只经过简单的清理、晾晒、挑拣等初加工工序，进出口过程存在较高的病虫害、土壤、杂草等检疫风险。八是检验检疫监管能力有待提高。检验检疫人员缺乏、流动性大；部分检验检疫监管人员的业务不对口、法律法规掌握不透彻，有待进一步提高；受检测设备等因素制约，检测速度与进出口贸易需要还有一定差距。

（6）下一步工作建议

一是严格实施进出口中药材企业备案制度，强化其质量安全主体责任意识。通过对企业进行备案，明确规定进出口中药材企业须满足的条件，督促其强化质量安全主体责任意识，改进硬件条件，完善相关质量安全控制体系，强化对产品质量的控制能力，提升进出口中药材企业的整体水平。针对备案企业进行诚信制度管理，同时，在相关法律规定的范围内，对违法违规企业进行从严处罚。

二是强化风险管理，构建进出口中药材风险控制体系。根据进出口中药材安全形势、检验检疫中发现的问题、国内外相关通报以及国内外市场情况，在风险分析的基础上，发布风险警示信息。同时，对进出口中药材实施有毒有害物质风险监控。引导企业在风险分析的基础上，建立中药材原料示范区或合同基地，有针对性地规避土壤、环境、习惯因素造成的重金属、农药残留污染。通过强化对人员管理、生产、存储过程的质量控制，减少添加剂等有毒有害物质的污染。

三是完善监督管理制度。首先，进一步明确监管职能划分。与有关部门进行协商，进一步明确进出口中药材检验及检疫的部门职能划分；按照职能，修订检验检疫类别表，并在检验检疫部门内部宣贯落实。其次，强化中药材监管体系建设。尽快编制《进出口中药材检验检疫监督管理办法》，并严格执行；完善进口中药材检疫审批制度、进口收货人备案制度、出口企业备案制度、产品用途申明制度和风险预警机制等体系建设，强化进出口中药材的监督管理。

四是积极参与由地方政府主导，相关部门配合的中药材种植示范区建设，鼓励出口企业进行自有式、合同式中药材种植基地备案，杜绝高毒高残留农药的流通、使用。

五是强化质量标准的制订、搜集工作。在摸清我国现有中药材质量标准的基础上，结合我国实际情况加快制订中药材质量标准，了解进口国家或地区对进口中药材相关品质的要求。

六是强化检疫监管。首先通过对出口中药材生产企业进行备案，强化企业在病虫害、杂草等方面的防疫控制措施；其次加强对进出口企业的监督管理力度，严格对进出口货物实施相关检疫；最后进行产地预检，了解进口国家或地区相关情况。

七是强化队伍执法能力建设。首先新招录的人员要具备相关专业背景；其次加强检验检疫系统内培训，提升执法水平；最后分析影响检测速度的原因，合理利用现有资源。在充分评估的基础上，决定是否购买检测设备等。

9. 出口水果

（1）出口情况

目前，河北省共有水果注册包装厂62家，出口注册果园246个，注册面积15.5万亩，水果总产量40多万吨，出口品种有鲜梨和葡萄，出口市场包括美、加、澳、新、欧盟、东南亚等30多个国家和地区。

①业务统计数据

2014年，全省共检验检疫出口新鲜水果2266批次，63059.5吨，货值6160万美元，主要出口品种是鲜梨。上年同期出口新鲜水果3126批，98142.6吨，货值7212.3万美元。2014年的批次、数量、金额分别比2013年下降27.5%、35.7%和14.6%。

②出口变化情况分析

2014年，河北鲜梨出口呈下降趋势，鲜梨出口市场形势不容乐观。鲜梨生产成本逐年增加，出口鲜梨国际竞争力下降是河北鲜梨出口减少的主要原因。2013年年末国内鲜梨市场价格持续攀高，导致2014年鲜梨收购价格较往年有大幅度增长，使得出口成本增加；国内水果市场销售火爆，导致许多出口商转战国内市场，缩减了对外出口量；出口水果市场竞争激烈导致部分出口商停止贸易；各国经济危机频发导致其本土水果成本走低，外需减少。

（2）质量状况分析

2014年河北辖区出境水果未出现国外通报检疫性有害生物的情况，也未出现安全卫生项目超标造成的退货情况。2014年度共检出不合格鲜梨3批，不合格原因为存在硌压伤果、病斑果、一般有害生物，均采取了返工整理措施。2014年，全系统完成一般安全风险监控样品71个，包括梨（51个）、苹果（9个）、葡萄（5个）、桃（2个）、李子（3个）、柿子（1个），得到1515个检测数据。检出的有害物质为多菌灵、毒死蜱、铬、镉、铅、砷。重点监控检测鲜梨样品94个，得到480个监测数据，检出样品49个，检出数据56个，检出的项目有毒死蜱、多菌灵、吡虫啉、氯氰菊酯、硝酸盐等，但检测结果均符合限量要求。

（3）检验检疫监管情况

河北局根据总局《出境水果检验检疫监督管理办法》等相关文件要求，积极推行"企业＋注册果园＋标准化"的管理模式，结合河北省实际情况，对辖区内的注册果园推行标准化生产，健全和完善质量管理体系，对注册果园实施了"过程控制＋结果抽查"的监管模式，有效提高了出口水果的质量。严格落实出口前"三核一定"政策，即通过核查果园面积、果园产量、日加工能力来确定出口量，确保出口水果原料来自注册果园，出口水果来自注册包装厂，进而保证出口水果质量安全。

（4）2014年度进出境新鲜水果方面的重点工作

面对2014年出口水果市场的严峻形势，河北局采取了以下措施，确保出口水果的质量安全，力争稳定辖区水果出口。

①积极打造出口鲜梨标准示范园。为进一步提升河北出口鲜梨注册果园的管理水平，更好地应对国外的各种官方考察和检查，实现以标准示范园促进出口鲜梨质量安全示范区建设工作水平，以示范区推动鲜梨产业发展的目的。将出口鲜梨标准示范园建设作为河北局重点工作之一，组织起草并下发了《出口鲜梨标准示范园建设标准（试行）》，按《标准》要求积极开展标准园建设工作，全省三个果园最终通过考核，出口鲜梨标准园的建设将有效带动和促进河北鲜梨出口

产业的发展。

②主动推动出口水果质量安全标准化示范区创建工作。截至目前，河北局与相关水果产区政府签署了5个共建协议，包括4个出口鲜梨示范区和1个出口苹果示范区，其中"泊头市出口鲜梨质量安全示范区"和"辛集市出口鲜梨质量安全示范区"已通过国家质检总局组织的专家验收，提升了河北省出口水果的质量安全水平，示范区水果出口量增幅明显，示范效益突出。

③高度重视、积极应对美国专家来华考察。根据2012年9月中美双方签署的《进口中国产鲜砂梨至美国境内所有地区的工作计划》的要求，美国官方将派专家来华进行实地考察，河北作为第一站。我们严格按照《中国砂梨输美工作计划》要求，深入企业和果园，加强果园、包装厂管理人员培训；督导出口企业补充完善果园质量管理体系文件，完善统一果园管理、工厂加工记录，做到有效溯源；检查有害生物监测情况及果园管理卫生以确保符合《中国砂梨输美工作计划》要求。最终包装厂和果园以零不符合项顺利通过美国专家组考核。

④加强监管，确保鲜梨生产持续符合出口要求。对注册果园、注册加工厂按要求进行监管，并做好监管记录，对发现问题限期整改并跟踪检查，坚决杜绝收购非注册果园原料。

⑤加大帮扶力度，提升出口企业质量安全保障能力。结合日常监管和现场检验检疫，加强对注册果园和包装厂有关人员的培训，严格落实双边协议要求，落实企业是产品质量安全第一责任人的要求，树立以质取胜的理念，稳步提升企业自检自控能力。

⑥深化交流合作，提升检验检疫通关效率。河北局石家庄办事处与广西凭祥局签署了《河北出入境检验检疫局石家庄办事处凭祥出入境检验检疫局关于落实河北局广西局水果出口备忘录的合作协议》。与东营检验检疫局就共同做好雪梨注册果园的管理和雪梨产品

的加工出口工作达成共识。

（5）国外技术壁垒情况

①印度尼西亚陆续颁布和实施一系列针对进口水果检验检疫新规定，对输往印尼的新鲜水果实施食品安全监督体系认证，未获得认证的水果不允许从雅加达口岸入境，并进行严格的查验，对河北水果出口，尤其鲜梨的出口影响很大。

②俄罗斯、泰国政府执行了"苛刻"的农药残留限量政策。以鲜梨中常用农药毒死蜱的限量为例，美国的限量为 0.05mg/kg，欧盟的限量为 0.5mg/kg，CAC 的限量为 1mg/kg，俄罗斯的限量为 0.005mg/kg，我国的限量为 1mg/kg，而泰国的限量为 0.003mg/kg。

（6）检验检疫监管工作建议

一是建议对出口水果企业实施分类管理，以注册登记为基础，以安全风险监控为依据，根据企业的诚信度、企业的管理水平、体系运行有效性和进口国家检验检疫要求等对出口水果企业实施分类管理。

二是健全和完善农残监控体系，建议适当调整出口水果安全风险一般监控项目，经过数据分析，多年监控均未超标的监控项目适当降低监控频率或取消，侧重对我国及进口国对水果有要求的农残及重金属项目的检测。

三是检验检疫的工作重点从管产品向管企业转移，提高企业的自检自控能力和检疫监管的有效性，进而有效解决出口水果业务快速增长和检验检疫人员不足的矛盾。

四是加大对出口水果企业的培训力度，提高企业的管理水平，提高企业的诚信意识和自律意识，落实企业的主体责任。

五是建议成立出口水果协会，建立联席会议机制，就出口价格、出口中遇到的贸易壁垒等进行协调研究，规范出口市场秩序，尽量统一相同出口市场同一报价，避免恶性竞争和无序竞争。

六是争取对出口水果示范区进行政策和资金支持。通过示范区建设，对提升水果质量起到了积极的推动作用。但在创建过程中，经常是检验检疫部门积极性很高，政府部门积极性不高，主要原因还是没有相应的配套资金和政策支持，建议总局从国家层面上争取专项资金或政策支持。

10. 出口肠衣

（1）基本情况

河北辖区现有出口肠衣生产企业 31 家，其中保定 20 家、廊坊 9 家、石家庄 1 家、秦皇岛 1 家。大部分企业以加工出口盐渍羊肠衣、盐渍猪肠衣为主，另有少量企业加工干制肠衣。

2014 年，河北辖区共出口肠衣 668 批次，货值 15877.5 万美元，同比 2013 年（565 批次、货值 14648.1 万美元）分别增长了 18.2%、8.4%，出口国主要有比利时、波兰、德国、意大利、巴西、日本等。

（2）质量状况分析

①检出不合格情况

2014 年，河北辖区出口肠衣产品共检验检疫不合格 7 批次，不合格率为 1.04%。其中盐渍猪肠衣 6 批次、羊肠衣 1 批次，不合格原因为包装不合格 6 批次、兽残超标 1 批次。

②国外通报情况

2014 年，河北辖区出口肠衣产品未收到国外通报信息。

依据国家质检总局有关文件要求，结合 2013 年河北省出口动物源性食品检验检疫和残留物质检测情况，编制了河北局 2014 年实施方案，共监控肠衣样品 50 个，监控数据 174 个，未检出不合格情况。其中，监控猪肠衣样品 27 个，监控数据 84 个；羊肠衣样品 23 个，监控数据 90 个。

（3）出口检验检疫监管情况

①加强出口肠衣风险评估，有效降低药物残留风险。由于在动物饲养过程中兽药使用及管理不规范，肠衣中兽药残留问题时有出现。

为有针对性地开展出口肠衣检验检疫工作，强化对出口肠衣的监管，确保质量安全，河北局根据不同贸易国家对肠衣兽药残留的限量标准不同，结合对部分地区兽药销售市场、养殖户进行调查摸底及近几年肠衣进出口日常检测、残留监控和国外通报等情况，对出口肠衣展开风险评估，对高风险的项目进行批批检测，中、低风险项目适当降低检测频率，并实施动态管理。

②对生产加工企业的监管。加强出口肠衣产品加工企业监管。严格按照总局各项要求做好加工企业的日常监管，督促指导企业做好原料检验、成品检验、关键点控制、加工卫生管理、微生物监测以及产品自检把关等各项质量安全控制管理，确保出口产品安全卫生质量。

（4）2014年度出口肠衣方面的重点工作

①加强出口企业行业自律，有效降低产品风险。一是通过强化企业是"产品质量第一责任人"的意识，提高企业遵纪守法、保障产品安全的自觉性。要求企业严格遵守法律法规，在肠衣加工过程中不使用任何非食用物质，诚信经营，不欺诈，不掺杂使假。二是加强引导，增强企业提高自身管理水平的主动性。大力引导企业建立HACCP体系，通过体系的有效运行提高企业管理水平，确保产品安全。三是督促企业提高对原料的自检自控能力，完善批次管理，建立产品溯源体系，要求企业严格对收购的原料进行药残检测和监控。检验检疫部门对企业在原料验收、生产加工、成品检验、产品出口等全过程实施有效监管。

②加强监管，确保出口肠衣生产持续符合出口要求。对出口肠衣生产加工企业按要求进行定期和不定期监管，并做好监管记录，对发现问题限期整改并跟踪检查。

③加强队伍建设，提升出口肠衣检验检疫把关能力。加大对从事进出口肠衣检验检疫监管人员的业务培训力度，不断提高出口肠衣检验检疫监管队伍的专业化水平。

（5）存在的问题

①兽药管理不健全和养殖过程兽药使用不当造成的兽药残留风险。我国规模化养殖场饲养率较低，养殖户缺乏必要的用药知识，造成兽药使用不规范；部分兽药生产企业、销售商店为追逐经济利益，暗中生产、销售氯霉素、硝基呋喃类等违禁药物，致使未能从源头解决药物残留风险，出口肠衣兽药残留时有检出。

②企业管理水平较低，质量安全意识薄弱，存在部分商户将羊肠衣以次充好、对羊肠衣"涨路"等行为。

（6）下一步工作建议

①加强风险分析，推进分类管理。充分考虑出口水肠衣原料验收及加工过程环节产生有毒有害物质和造成微生物污染的风险，加工过程中是否存在添加物风险，生产、加工和出口企业对出口产品质量控制能力的风险等各个环节的风险评估和研判，确定不同产品的风险级别和重点检测、监控项目，并针对企业的硬件条件、管理水平进行分级，并根据预警通报、检测数据和监控情况做动态调整，以更快更稳地对企业和产品进行监管和检验检疫。

②加强检企交流，提高企业管理水平及抵御风险能力。一是建立检企交流平台，将最新的法律法规、标准、国外预警信息第一时间发布到业务交流平台，使企业方便快捷地获得相关信息；二是借力提质，强产业发展内功。对辖区企业开展法规培训，帮助企业完善体系文件，通过现场对标、模拟演练等形式，提高河北辖区出口肠衣企业的管理水平。

③加强对企业的诚信教育，提高企业质量安全意识，杜绝以次充好、弄虚作假的行为。

11. 出口肉类

（1）基本情况

①业务统计数据。河北辖区出口肉类产品包括生肉、熟肉制品和

禽肉罐头，生肉主要出口品种有冻鸡块、冻鸭块、冻羊肉等，熟肉制品主要出口品种为熟制鸡肉和牛肉，禽肉罐头主要为鸡肉罐头。2014年共出口2164批次，货值14189万美元，比2013年分别下降了6.9%、6.5%（见表9）。

表9　出口肉类及其制品贸易情况

产品	2013 年		2014 年	
	批次	金额（万美元）	批次	金额（万美元）
生肉	265	2220	301	2867
熟肉制品	2050	12907	1857	11295
禽肉罐头	9	44	6	27
合　计	2324	15171	2164	14189

②主要出口市场情况。河北辖区肉类产品主要出口至日本、巴基斯坦、塔吉克斯坦、韩国、中国香港等国家和地区。

（2）质量状况分析

①检出不合格情况。2014年河北辖区出口肉类产品共检验检疫不合格4批次，不合格率为0.18%，不合格原因为兽残超标2批次、包装不合格1批次、检出致病菌1批次，不合格产品为熟制鸡肉和冻牛筋。

②国外通报情况。2014年河北辖区出口肉类产品被国外通报3次，其中鸡肉制品被日本通报检出大肠杆菌2次；冷冻猪肉汤被日本通报检出菌落总数超标1次。

③风险监控情况。依据国家质检总局有关文件要求，结合2013年度河北省出口动物源性食品检验检疫和残留物质检测情况，编制了河北局2014年度实施方案。本年度共监控肉类样品69个，监控数据215个，未检出不合格情况。其中，监控羊肉样品11个，监控数据45个；鸡肉样品53个，监控数据154个；鸭肉样品5个，监控数据

16个。

（3）出口检验检疫监管情况

①出口禽肉饲养场备案管理。依照《食品安全法》等相关法律法规及国家质检总局的有关要求，对出口禽肉饲养场实施备案管理，目前共有备案养殖场496个，分布于秦皇岛、沧州、承德等地，备案品种包括肉鸡、北京鸭、肉鸽等。

②对生产加工企业的监管。按照国家质检总局有关文件要求进行检验检疫监管，加强过程管理，帮助出口企业强化"产品质量第一责任人"的意识，着重提高出口企业的加工水平和质量控制能力，积极指导出口企业建立符合标准的原料养殖基地，严格对原料基地的注册备案管理，将"五统一"要求落到实处，确保屠宰活禽全部来自备案养殖场。

③加强出口检验检疫把关。在日常监管和残留监控基础上，开展出口肉类产品风险评估工作，并根据评估结果确定出口检验检疫监管方案，提高出口把关的针对性和有效性。对日常检验所发现的不合格产品，将监督企业认真查明原因，并采取相应的整改措施，不断提升产品质量安全管理水平。

（4）2014年度出口肉类产品的重点工作

①做好中国香港《食物内有害物质规例》（以下简称《规例》）的应对工作。《规例》已于2014年8月1日起实施。香港市场的食品农产品主要依靠内地供应，80%以上的活畜禽由内地供应。《规例》中对肉类产品中兽药残留和重金属等设定了限量标准，涉及动物源性产品70种，限量1703项。结合辖区实际，向省政府报送了《河北检验检疫局关于香港将实施〈食物内除害剂残余规例〉的情况报告》。依据国家质检总局有关文件要求，自2月1日起预实施《规例》，并对供港禽肉、羊肉等产品及生产加工企业实施了风险排查，抽取8个羊肉样品实施了288项农残检测。

②对辖区内的备案饲养场和生产加工企业禽流感防控工作进行全面风险排查。对排查中发现的问题，要求企业立即进行整改；加强全过程监管，切实加强对出口禽肉产品生产企业的日常监管、加强对企业原料的验收检查和产品出厂自检的监管，保障出口禽肉及其制品安全卫生。

（5）存在的问题

一是缺少对国外肉类产品相关法律法规的信息收集渠道，企业质量安全控制体系针对性不强。

二是由于禽肉饲养场的特殊性，多分布于山区、偏远地区，制约了生产加工企业的规模化、集约化发展。

（6）下一步工作建议

一是建立健全出口肉类产品预警体系，及时搜集和更新国外对该类产品的标准、检测方法等资料，并将相关信息在网站进行同步公布，这将有利于一线检验检疫人员、生产企业随时掌握有关信息。

二是加强对一线检验检疫人员知识技术培训，尤其是对风险分析及评估等方面的知识培训。

三是对新备案肉类产品生产企业严格把关，尤其是加大对该类企业自检自控能力的考核力度。

四是加强企业的诚信体系管理和品牌建设，以企业诚实守信为根基，打造属于企业自身的品牌，扩大企业在国际市场的影响力。

12. 出口水产品

（1）基本情况

①业务统计数据

河北辖区出口水产品包括水产品（生）、水产制品和水产类罐头，水产品（生）主要出口品种有冻章鱼、冻扇贝柱、虾夷贝柱、冻杂色蛤、石鲽鱼、河豚等；水产制品主要出口品种有调味章鱼、冻煮虾仁、干制贝柱等；水产品罐头主要为熟制真空蛤。2014 年水产品共出口 2448 批次，货值 5.22 亿美元，比 2013 年分别增长了

4.6%、65.4%（见表10）。

②主要出口市场情况

河北辖区出口水产品主要输往日本、俄罗斯、加拿大、韩国、美国等国家。

表10 出口水产品检验

产品		2014 年		2013 年	
		批次	金额（万美元）	批次	金额（万美元）
水产品	水产品（生）	1976	25075.4	2162	45604.3
	水产制品	301	6287.3	208	6301.7
	水产罐头	64	185.9	78	273.4
合 计		2341	31548.6	2448	52179.4

（2）质量状况分析

①检出不合格情况

2014 年，河北辖区出口水产品共检验检疫不合格 27 批次，不合格率为 1.1.%，不合格产品主要为冻煮杂色蛤、冻扇贝、盐渍虾、冻烤鱼、熟制真空蛤等，不合格原因包括农残超标 12 批次、金黄色葡萄球菌超标 4 批次、兽残超标 3 批次、菌落总数超标 3 批次、检出海洋毒素 2 批次、检出生物毒素 1 批次、大肠菌超标 1 批次。

②国外通报情况

被国外通报 4 次，其中 2 次为韩国通报冻章鱼中人为注水，1 次为俄罗斯通报扇贝中检出大肠菌群，1 次为加拿大通报水产品水分不合格。

③风险监控情况

依据国家质检总局有关文件要求，结合 2013 年度河北省出口动物源性食品检验检疫和残留物质检测情况，编制了河北局 2014 年度实施方案。本年度共监控水产品样品 56 个，监控数据 164 个，未检

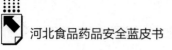

出不合格情况。其中，监控养殖鱼样品7个，监控数据18个；养殖虾4个，监控数据17个；贝类45个，监控数据129个。

（3）出口检验检疫监管情况

①出口水产品养殖场备案管理

依照《食品安全法》等相关法律法规及国家质检总局的有关要求，河北局对所有出口水产品的生产加工企业及养殖场实施备案管理。目前河北辖区共有出口水产品备案养殖场25个，分布于唐山和秦皇岛，备案品种包括河豚、虾、扇贝等。对水产品生产加工企业采用日常监督管理、定期监督管理和换证复查相结合的监管方式对企业的原料养殖管理、入厂验收、生产加工、成品检验等过程进行监管。严格按照进口国家或地区的卫生质量安全标准和我国的相关标准规程对出口的产品进行检验检疫，在风险分析的基础上，进一步明确检验检疫监督管理的重点检测项目，提高检验检疫工作的有效性和针对性，保证出口水产品的质量和安全水平。

②对生产加工企业的监管

严格按照总局各项要求对企业的原料养殖管理、入厂验收、生产加工、成品检验等过程进行监管，督促指导企业做好原料检验、成品检验、关键点控制、加工卫生管理、微生物监测以及产品自检把关等各项质量安全控制管理，确保出口产品安全卫生质量。

③加强出口检验检疫把关

在日常监管和残留监控基础上，积极开展出口水产品风险评估工作，并根据评估结果确定出口检验检疫监管方案，提高出口把关的针对性和有效性。对日常检验所发现的不合格产品，将监督企业认真查明原因，并采取相应的整改措施，不断提升产品质量安全管理水平。

（4）2014年度出口水产品重点工作

一是切实落实企业主体责任。对企业及养殖场实施备案管理，强化GAP、SSOP、HACCP推行工作，使出口水产品质量安全控制不断趋于国际化、现代化、系统化，提升了出口水产品质量安全控制科学性和有效性。督促企业自觉加强进出口水产品质量安全管理，有效保障进出口水产品的安全质量。

二是完善制度建设，提高进出口水产品检验检疫监管水平。以总局《进出口水产品检验检疫监督管理办法》等法律法规为依据，结合辖区实际对出口水产品开展风险分析，出台了《进出口水产品检验检疫监管作业指导书》，以强化进出口把关工作。

三是加强队伍建设，提升进出口水产品检验检疫把关能力。要求所有从事进出口水产品检验检疫监管人员需接受进出口水产品检验检疫监管业务培训，不断提高进出口水产品检验检疫监管队伍的专业化水平。

（5）存在的问题

一是标准体系需进一步完善。目前我国水产品安全卫生标准缺乏系统性，微生物标准不健全。

二是生产加工企业质量安全意识薄弱。部分水产品生产加工企业存在产品留样时间短、对进口国要求不严格的地区出口产品质量安全控制不到位等问题。

三是对国外标准法规缺乏信息收集渠道。由于对韩国、俄罗斯等国家地区检测方法、检测依据等掌握不足，无法准确核查其通报情况。

（6）下一步工作建议

一是加强风险分析，推进分类管理。充分考虑出口水产品的特点及养殖过程中存在的风险，加工过程中产生有毒有害物质和造成微生物污染的风险，加工过程中是否存在添加物风险，生产、加工和出口企业对出口产品质量控制能力的风险等各个环节的风险评估和研判，确定不同产品的风险级别和重点检测、监控项目，并针对企业的硬件条件、管理水平进行分级，并根据预警通报、检测数据和监控情况做动态调整，以更快更稳地对企业和产品进行监管和检验检疫。

二是建立健全水产品出口预警体系。及时搜集和更新国外对水产

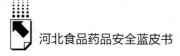
品的相关规定、标准和检测方法等资料，并将信息同步在网站上进行公布，让检验检疫人员和生产加工企业可以随时掌握相关信息。

三是落实企业主体责任。通过培训教育等，提高企业质量安全意识，督促企业加强自检自控，建立完善的质量追溯体系，加强原料验收以及生产加工环节的安全卫生控制，防患于未然，保障出口产品质量安全。

（三）案件查处情况

2014年8月，河北局石家庄机场办事处组织开展了肉及肉制品专项工作检查。检查过程中，河北局工作人员在某口岸服务单位冷藏柜内发现部分食品加工原料超出保质期限。经调查取证，按照食品安全法相关规定，河北局对该单位实施了警告处罚并加强了日常监管，确保航空口岸食品安全。

三 风险监测状况

（一）出口动物源性食品监控

根据国家质检总局2014年度出口动物源性食品残留物质监控抽样与检测计划的要求，河北局编制2014年度实施方案，顺利完成了抽样与检测任务。主要情况如下。

1. 监控计划执行情况

（1）基本情况

2014年河北局计划采样数为175个，涉及羊、禽（鸡、鸭）、肠衣（猪、羊）、养殖虾、养殖鱼、贝类等共6类产品、17种分析基质材料，检测项目涉及110种残留物质，河北局按照监控计划完成了全部样品检测，其中羊11个、鸡53个、鸭5个、养殖鱼7个、养殖虾

4个、贝类45个、猪肠衣27个、羊肠衣23个，具体监控物质主要为肉、肝、肾、脂肪、肠衣等。

（2）取样、样品传递及检测

参照2013年河北省出口动物源性食品的生产、出口情况，按照相关技术要求，均匀分布抽样任务，以保证样品的代表性，避免了集中或突击抽样、送样等情况。

2. 监控结果

2014年，河北局共收到实验室反馈检测结果553个，检出48个，检出率为8.68%，未检出不合格产品。

（二）进出口食品监控（出口动物源性食品除外）

按照国家质检总局2014年度进出口食品化妆品安全风险监控计划的要求，河北局对2014年度进口食品化妆品、出口加工食品、出口植物源性食品安全风险监控工作进行了安排部署，具体监控工作完成情况如下。

1. 总体情况

2014年河北局应承担10个进口样品、132个出口样品的监控任务，其中进口肠衣产品品种2个、监控样品10个；出口加工食品监控产品品种10个、监控样品65个；出口植物源性食品监控产品品种12个、监控样品67个。

同时，按照河北局2014年度出口植物源性食品安全风险监控计划，监控样品为冷冻草莓、红小豆和辣椒干，监控样品数共25个。

2. 完成情况

（1）国家质检总局监控计划完成情况

按照河北局监控计划实施方案，2014年共抽取了进口肠衣监控样品10个，完成率为100%；共抽取了出口加工食品、植物源性食品监控样品129个，完成率为97.7%，其中3个人参样品监控任务未

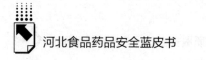

能完成,主要原因为河北辖区石家庄、承德局没有出口人参业务,故无法完成总局安全风险监控计划中的抽样任务数。

（2）直属局监控计划完成情况

河北局根据2013年河北省植物源性食品出口情况,结合产地用药情况调查、供港澳产品情况及对相关产品风险预警情况,编制了2014年度直属局监控计划,监控品种和数量为冷冻草莓11个、红小豆8个和辣椒干6个。

3. 监测结果

河北局对所有抽取的样品全部进行了实验室检测,共获得865个检测结果,13个样品中的监控项目超过国家局安全风险残留监控限量。其中6个酱油样品检出二氧化硫、4个粉丝样品和2个方便面样品检出铝超标、1个人参样品的总五氯硝基苯和六六六超标。其他样品有检出情况,但均未超出总局安全风险残留监控计划限量。

（三）应对措施

针对安全风险监控中发现的问题,河北局在风险分析的基础上加大对企业质量安全的培训,要求辖区企业认真查找原因,提高自检自控能力,督促企业增强风险意识,保障出口食品质量安全。2014年河北局未发生进出口食品安全事件（事故）。

四 本年度采取的监管措施、出台的重要政策和实施的重大行动

（一）模式改革取得重大进展

实施检验检疫监管模式改革,省局机关成立食安处,将原来分散在3个处的业务进行整合,确定新职责,划定新分工,实现了由管理

执行向纯管理职能的转变。制定了河北局《出口食品安全风险管理办法》，构建了以风险管理为基础的出口食品检验检疫管理工作新模式。出台了河北局《出口食品/化妆品信息通报核查处置工作规范》《出口食品企业风险评估规范》《出口食品风险评估规范》及《出口食品合格评定工作规范》等系列规范性文件，建立了出口食品安全风险管理体系，进一步强化了对出口食品检验检疫及监督管理的科学性和针对性，实现了有效防控风险和快速验放的统一。全系统广大职工积极实践，锐意进取，对70多家企业实施分类管理，并通过举办进口肉类收货人/食品进口商备案培训班，组织进口食品标签审核与备案工作研讨会，开展进口食品国内收货人备案自查，加强对进境肉类定点加工场的监督抽查等一系列的措施手段，使河北局食品安全监管工作实现了由注重监管产品向注重监管企业的转变，由注重出口食品检验监管向进出口并重的转变，食品安全监管更加科学、高效。

（二）监管能力实现整体提升

着眼打造素质过硬的业务队伍，省局多次组织相关业务培训，人员覆盖面广泛，业务种类齐全，有力提升了一线食品安全监管人员的业务能力。

（三）工作开展更加规范有效

全面梳理进出口食品检验监管法律法规、标准和规范性文件，确保工作有法可依、依据有效。自主组织完成了11大类食品安全风险分析报告，为编制检验检疫抽批规则和合格评定表单、电子监管表单提供了有力依据。组织进口食品标签审核与备案工作研讨会，进一步明确审核工作的程序和职责，提升了把关能力。统一了全省原始记录表单、检验依据和作业指导书，完善了各类食品风险分析报告，使检验检疫监管工作更加严谨规范。

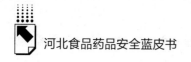

（四）各项重点工作扎实推进

1. 有效应对香港《食物内除害剂残余规例》的实施

对河北辖区内供港食品情况进行全面调查，形成《关于香港将实施〈食物内除害剂残余规例〉的情况报告》，为省政府决策提供有力依据。召开"河北供港食品风险会商会议"，深入研讨应对措施。印发《河北供港食品农残项目监督抽检方案》，加强监管检查。与河北商务厅共同组织"河北食品农产品企业'规例'专题培训会"，有效提升了企业自身应对能力。

2. 大力加强舆情报送和风险信息核查工作

实行食品安全舆情报送专人负责，传授报送技巧，明确途径、方式和各分支机构任务，提升了全系统的工作力度。2014 年，河北局被总局《风险预警日报》采用的信息已超过50 条，较 2013 年同期零条报送的情况实现重大突破。通过制定《河北局出口食品/化妆品信息通报核查处置工作规范》，核查反馈 28 条国外预警通报信息，风险信息核查工作得到有力加强。

3. 严密防范禽流感疫情

针对 2013 年底在保定发生 H5N2 高致病性禽流感疫情，对全省有出口禽肉业务的 5 个地区全面开展了防控巡查工作，并有效应对廊坊检出 H7N9 阳性样本情况，对廊坊局和燕郊办辖区的 H7N9 禽流感检测抽样和出口禽肉备案养殖场进行全面调查，并及时向总局反馈。主动跟进保定发生的 H5N2 高致病性禽流感疫情动态，在全力协同地方政府做好防控工作的同时，主动在唐山、沧州、廊坊等地开展专项督查，确保了出口禽肉和禽蛋及其制品的质量安全。

4. 高标准做好国外考察接待工作

省局和燕效办深入被检企业部署安排工作，制订迎检方案，开展全程模拟演练，确保了韩国食药部考察团对输韩儿童食品企业考察活动的顺利进行。全力以赴备战欧盟FVO对我国输欧肠衣兽医卫生管理体系和残留监控体系的考察，组织专家准备答卷材料，会同认监处对出口肠衣企业开展培训，对保定局、廊坊局两局及其所辖6家企业的迎检准备情况进行督导检查，为迎检工作奠定了良好基础。

5. 积极推进京津冀一体化

根据《京津冀检验检疫一体化建设方案》，组织了京津冀进出口食品检验监管工作联席会议，牵头制定了《京津冀进出口食品检验监管工作一体化方案》，助力早日实现京津冀检验检疫一体化。

6. 圆满完成地方政府交办任务

一是按照省食安办食品安全风险会商联席会议的要求，编写并报送了《河北检验检疫局2013年进出口食品化妆品质量安全风险排查报告》和《河北检验检疫局2014年上半年进出口食品化妆品质量安全风险排查报告》。二是根据省政府暑办2014年暑期工作要求，编制了关于河北检验检疫局暑期食品安保工作的方案。三是按照省食安办关于开展清真食品全省联查的要求，与相关部门配合对保定、沧州的清真肉类屠宰企业、餐饮企业、超市和菜市场开展了清真食品联查工作。四是按照省政府食安办等17部门关于开展2014年全省食品安全宣传周活动的要求，开展了进口食品安全口岸行宣传活动，并通过实施《河北检验检疫局食品安全宣传周活动方案》，举办了河北局进口食品安全宣传主题日活动。

五 当前存在的主要问题

（一）国际食品安全形势的新变化使我们面临新挑战

一方面境外食品安全事件频发，为我国进口食品安全监管带来新压力。近年来，一些世界知名品牌频繁出现食品安全事件，如恒天然的"肉毒杆菌"、沃尔玛的"挂驴头买狐狸肉"、中国台湾的劣质油食品事件等。与此同时，我国进口食品快速增长，从 2001 年至 2013 年贸易额增长了近 10 倍，使进口食品安全风险骤增。另一方面，其他国家和地区对食品安全要求日趋严格，对我国出口食品安全监管提出了新要求。如欧盟修订草苷膦等 9 种农药最大残留限量，澳大利亚更新进口食品监测要求，中国香港《食物内除害剂残余规例》的实施等。

（二）我国质量工作的新要求为我们提出了新课题

近期，国务院李克强总理在首届中国质量大会上，对加强质量工作，促进中国经济提质增效、迈向中高端水平提出了明确要求。作为质量工作者，我们助推河北进出口食品产业提质增效、创建品牌的责任更加重大。同时，随着改革全面推进，缩短检验放行周期，促进贸易便利化已成为大趋势。但当前食品生产环境并未得到明显改善，土壤污染、水污染等还没有得到有效治理，加之部分企业的主体责任意识欠缺和安全质量控制能力不高等原因，国内仍处于食品安全问题的高发期，2014 年就发生了瘦肉精、肯德基冰块细菌严重超标、湖南"镉大米"等多起安全事件。具体到河北食品出口产业，形势同样不容乐观。如当前河北省的部分备案种养殖场，其管理质量并不能完全达到规定要求，有的还存在收购基地之外原料的现象，这些都是潜在的风险。在这种严峻形势下，要实现便捷服务与高效监管的统一，我们肩上的任务更加艰巨。

（三）河北进出口食品安全监管的"短板"亟待出台新举措

首先，思想观念仍需再转变。多年来我们一直沿用"报检—验货—抽样监测—出证"的检验检疫模式，大家的关注点一直是产品质量，而忽视了对企业安全卫生管理体系的完整性及其运行的有效性的监管。这两年尽管初步推行了以风险管理为基础的管理模式，但思想观念的转变有一个过程。我们仍然在一定程度上存在重检验轻监管的现象，宏观监管的意识还不强，制约了工作的创新发展。其次，监管能力有待再提高。目前的监管能力还跟不上形势发展的需要，不能完全有效地控制进出口食品质量安全。其最直接的体现，就是不合格检出率一直在低层次徘徊。

六　2015年进出口食品安全监管工作整体思路

（一）全面推进食品安全风险管理工作

河北局积极探索食品安全监管改革，完成了顶层设计，构建了制度框架，基本建成了具有自身特色的出口食品风险管理体系，今后将在全局系统积极实践推进。

（二）做好企业分类工作

对企业的守法诚信意识、主体责任意识、产品质量安全管理控制能力要做到全面了解和科学合理分类，为实施更加有效的监管奠定良好基础。同时，要通过扎实细致的分类工作，引导企业增强守法诚信意识和主体责任观念，主动抓好质量安全管理。

（三）做好出口食品风险评估和分级工作

要按照食品的原料特点、食品特性、出口国家和地区的要求以及社会关注度等，对出口食品进行科学的风险评估和合理的分级，提高监管的针对性和有效性。

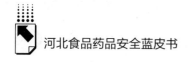
（四）全面落实合格评定工作模式改革

要进一步调整监管思路，改变监管方式，加大监管力度，特别是要更加注重产中和产后的全过程监管。要加强对重点企业、高风险产品、关键环节的监管，提高监管的实效性。把有限的监管资源用对地方，发挥到极致，做到及时把控风险，把问题苗头消灭在萌芽中。要指导企业建立起科学有效的食品安全风险控制体系，并督促企业执行到位，切实使企业承担起抓质量的主体责任。要大力推动传统模式向以风险管理为基础的合格保证和抽批检验模式转变，推动以"不合格假定"为基础向以"合格假定"为基础的合格评定模式转变。

（五）进一步抓好制度建设，规范业务工作程序

一是要进一步全面梳理进出口食品检验检疫监管工作的法律法规、标准并及时更新，确保监管工作有法可依、依据有效。二是要结合河北实际及时制修订各种检验检疫监管工作规范，保证全省进出口食品检验检疫监管工作的规范性。三是要加强制度建设的统筹，加大力度对各分支机构编制作业指导书的指导，保证全省进出口食品检验检疫监管工作的一致性。

（六）继续加强队伍建设，提升整体能力素质

要持续开展检验检疫人员能力提升活动，打造一支素质过硬的队伍。一是要加强检验检疫法律法规和标准的学习，提升执法能力和水平。二是要加强检验检疫专业知识的学习，不断适应进出口食品检验检疫监管工作的新要求。特别是要加强有关检疫方面业务知识的学习，将检验与检疫工作更好地结合。三是通过现场对标和业务交流活动，统一尺度、规范工作，切实提升实际操作能力。

（七）进一步加大监管力度，保证进出口食品安全

在出口食品监管上，要加强源头监管，通过制定种养殖场备案工作规范和加大监督抽查力度等手段，从源头上保证出口食品的原料安全，降低风险。要着眼随着京津冀一体化进程以及全省保税区建设的快速发展，越来越多的进口食品在各地直接实施检验检疫的趋势，加大人员配备和培训力度，加强对进口食品检验监管工作的研究，尽快扭转一线进口食品检验人员力量薄弱和很多分支局进口食品检验"零经验"的不利局面，把好国门安全。

（八）做好帮扶工作，促进出口食品企业健康发展

要严格落实好中央、国家质检总局和河北省关于"稳增长"的决策部署，为进出口食品企业发展提供优质服务。一是要发挥检验检疫的技术优势，指导和帮助企业完善质量体系建设，同时要为企业的管理人员和检测人员提供多种形式的咨询和技术培训，提升企业的内部质量管理和自检自测水平，提高出口食品的质量。二是要全力推进出口食品质量安全示范区创建。目前，河北省有国家级出口食品质量安全示范区2个、省级示范区4个，与兄弟省（市）相比，数量还是偏少。下一步，我们要进一步从种养殖场备案、出口食品抽批率、出口食品的监测项目确定等方面，增加对示范区的优惠力度，争取地方政府支持，吸引企业加入，不断扩大示范区的数量和规模。通过示范区的带动作用，引导河北省出口食品企业走上一条标准化生产、高质量品牌的发展道路。

（九）进一步发挥统筹协调作用，圆满完成国家质检总局和河北省政府交办的工作任务

要全力推进京津冀一体化工作，作为京津冀进出口食品检验监管

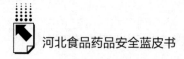
工作一体化工作的牵头单位，我们要主动联络京津两局，积极开展相关研究，确保《京津冀进出口食品检验监管工作一体化方案》落实到位，为实现京津冀一体化发展做出应有的贡献。要积极参与河北省食安办的各项工作，把河北局进出口食品检验检疫监管工作融入河北省的食品安全监管体系，为河北省食品安全监管做出贡献。同时，要注重加强与食安委其他成员单位的沟通与协调，充分借力成员单位的监管成效，促进河北局进出口食品安全监管工作取得新进展。

B.12
后 记

　　《河北食品药品安全研究报告（2015）》（以下简称《报告》）在河北省政府食品安全委员会办公室、省食品药品监督管理局、省农业厅、省林业厅、省卫生计生委、省公安厅、省质监局、河北出入境检验检疫局、省社科院等部门和40余位参与编写人员的共同努力下出版了。

　　《报告》得以付梓，应归功于各相关部门、相关处室（单位）的大力支持、积极协助，应归功于参与编写人员不辞辛苦、精益求精的认真精神，应归功于各部门主管领导亲自审稿、严格把关的负责态度。这也是保障《报告》质量的根本。

　　参与编写人员有：张新波、孟庆凯、宋富胜、张庚武、韩振庭、田晓平、赵占民、姚爱国、陈平、郝丽君、石马杰、郑俊杰、刘凌云、黄迪、韩绍雄、姚剑、边中生、高云凤、张少军、黄玉宾、张杰、赵博伟、张丛、陈晓勇、李杰峰、曹彦卫、刘辉、李增年、郁岩、师文杰、朱金娈、陈茜、李晓龙、石磊、刘利辉、杨建立、李树昭、陈柏、秦学军、徐峰、辛杨、梁勇、穆兴增、唐丙元、杨君、张波、王春蕊等。

　　——编写过程中，课题组得到了省统计局、省高级人民法院、省人民检察院和省相关行业协会等有关领导和专业研究人员的积极协助。

　　在此，向所有在编写工作中付出辛劳的各位领导、专家、同人仁表示由衷的感谢，特别向提供大量素材并提出宝贵修改意见建议的各

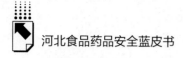

部门相关处室、机构表示最诚挚的谢意。

作为河北省第一本食品药品安全专项研究报告，首创性、多部门、全方位是其主要特征，也是撰写《报告》的难点所在。《报告》集中体现了省委、省政府在保障食药安全方面综合施策、猛药去疴的决心和意志，客观展现了各部门齐抓共管、确保安全的措施和成效，深入剖析了影响质量安全的各种因素和存在的主要问题，为政府科学决策提供了重要参考，为公众了解真实信息提供了权威途径，为食药安全事业的发展提供了参照借鉴。也许，这是对所有人员辛勤付出的最好回报。

因为是第一次，难免有遗憾。《报告》在谋篇布局、研究深度、视角广度等方面还存在很多问题，有许多方面需要完善和改进，恳请社会各界对《报告》提出批评、建议，不断提高《报告》质量，为切实提升河北省食药安全水平作出做出应有的贡献。

❖ 皮书起源 ❖

"皮书"起源于十七、十八世纪的英国,主要指官方或社会组织正式发表的重要文件或报告,多以"白皮书"命名。在中国,"皮书"这一概念被社会广泛接受,并被成功运作、发展成为一种全新的出版型态,则源于中国社会科学院社会科学文献出版社。

❖ 皮书定义 ❖

皮书是对中国与世界发展状况和热点问题进行年度监测,以专业的角度、专家的视野和实证研究方法,针对某一领域或区域现状与发展态势展开分析和预测,具备权威性、前沿性、原创性、实证性、时效性等特点的连续性公开出版物,由一系列权威研究报告组成。皮书系列是社会科学文献出版社编辑出版的蓝皮书、绿皮书、黄皮书等的统称。

❖ 皮书作者 ❖

皮书系列的作者以中国社会科学院、著名高校、地方社会科学院的研究人员为主,多为国内一流研究机构的权威专家学者,他们的看法和观点代表了学界对中国与世界的现实和未来最高水平的解读与分析。

❖ 皮书荣誉 ❖

皮书系列已成为社会科学文献出版社的著名图书品牌和中国社会科学院的知名学术品牌。2011年,皮书系列正式列入"十二五"国家重点图书出版规划项目;2012~2014年,重点皮书列入中国社会科学院承担的国家哲学社会科学创新工程项目;2015年,41种院外皮书使用"中国社会科学院创新工程学术出版项目"标识。

法律声明

　　"皮书系列"（含蓝皮书、绿皮书、黄皮书）之品牌由社会科学文献出版社最早使用并持续至今，现已被中国图书市场所熟知。"皮书系列"的 LOGO（ ）与"经济蓝皮书""社会蓝皮书"均已在中华人民共和国国家工商行政管理总局商标局登记注册。"皮书系列"图书的注册商标专用权及封面设计、版式设计的著作权均为社会科学文献出版社所有。未经社会科学文献出版社书面授权许可，任何使用与"皮书系列"图书注册商标、封面设计、版式设计相同或者近似的文字、图形或其组合的行为均系侵权行为。

　　经作者授权，本书的专有出版权及信息网络传播权为社会科学文献出版社享有。未经社会科学文献出版社书面授权许可，任何就本书内容的复制、发行或以数字形式进行网络传播的行为均系侵权行为。

　　社会科学文献出版社将通过法律途径追究上述侵权行为的法律责任，维护自身合法权益。

　　欢迎社会各界人士对侵犯社会科学文献出版社上述权利的侵权行为进行举报。电话：010－59367121，电子邮箱：fawubu@ssap.cn。

社会科学文献出版社

权威报告·热点资讯·特色资源

皮书数据库
ANNUAL REPORT(YEARBOOK)
DATABASE

当代中国与世界发展高端智库平台

皮书俱乐部会员服务指南

1. 谁能成为皮书俱乐部成员？
- 皮书作者自动成为俱乐部会员
- 购买了皮书产品（纸质书/电子书）的个人用户

2. 会员可以享受的增值服务
- 免费获赠皮书数据库100元充值卡
- 加入皮书俱乐部，免费获赠该纸质图书的电子书
- 免费定期获赠皮书电子期刊
- 优先参与各类皮书学术活动
- 优先享受皮书产品的最新优惠

3. 如何享受增值服务？

（1）免费获赠100元皮书数据库体验卡

第1步 刮开附赠充值的涂层（右下）；

第2步 登录皮书数据库网站（www.pishu.com.cn），注册账号；

第3步 登录并进入"会员中心"—"在线充值"—"充值卡充值"，充值成功后即可使用。

（2）加入皮书俱乐部，凭数据库体验卡获赠该书的电子书

第1步 登录社会科学文献出版社官网（www.ssap.com.cn），注册账号；

第2步 登录并进入"会员中心"—"皮书俱乐部"，提交加入皮书俱乐部申请；

第3步 审核通过后，再次进入皮书俱乐部，填写页面所需图书、体验卡信息即可自动兑换相应电子书。

4. 声明

解释权归社会科学文献出版社所有

皮书俱乐部会员可享受社会科学文献出版社其他相关免费增值服务，有任何疑问，均可与我们联系。

图书销售热线：010-59367070/7028
图书服务QQ：800045692
图书服务邮箱：duzhe@ssap.cn

数据库服务热线：400-008-6695
数据库服务QQ：2475522410
数据库服务邮箱：database@ssap.cn

欢迎登录社会科学文献出版社官网
（www.ssap.com.cn）
和中国皮书网（www.pishu.cn）
了解更多信息

社会科学文献出版社 皮书系列
SOCIAL SCIENCES ACADEMIC PRESS (CHINA)

卡号：859909874442

密码：

S 子库介绍
ub-Database Introduction

中国经济发展数据库

涵盖宏观经济、农业经济、工业经济、产业经济、财政金融、交通旅游、商业贸易、劳动经济、企业经济、房地产经济、城市经济、区域经济等领域，为用户实时了解经济运行态势、把握经济发展规律、洞察经济形势、做出经济决策提供参考和依据。

中国社会发展数据库

全面整合国内外有关中国社会发展的统计数据、深度分析报告、专家解读和热点资讯构建而成的专业学术数据库。涉及宗教、社会、人口、政治、外交、法律、文化、教育、体育、文学艺术、医药卫生、资源环境等多个领域。

中国行业发展数据库

以中国国民经济行业分类为依据，跟踪分析国民经济各行业市场运行状况和政策导向，提供行业发展最前沿的资讯，为用户投资、从业及各种经济决策提供理论基础和实践指导。内容涵盖农业，能源与矿产业，交通运输业，制造业，金融业，房地产业，租赁和商务服务业，科学研究环境和公共设施管理，居民服务业，教育，卫生和社会保障，文化、体育和娱乐业等 100 余个行业。

中国区域发展数据库

以特定区域内的经济、社会、文化、法治、资源环境等领域的现状与发展情况进行分析和预测。涵盖中部、西部、东北、西北等地区，长三角、珠三角、黄三角、京津冀、环渤海、合肥经济圈、长株潭城市群、关中—天水经济区、海峡经济区等区域经济体和城市圈，北京、上海、浙江、河南、陕西等 34 个省份及中国台湾地区。

中国文化传媒数据库

包括文化事业、文化产业、宗教、群众文化、图书馆事业、博物馆事业、档案事业、语言文字、文学、历史地理、新闻传播、广播电视、出版事业、艺术、电影、娱乐等多个子库。

世界经济与国际政治数据库

以皮书系列中涉及世界经济与国际政治的研究成果为基础，全面整合国内外有关世界经济与国际政治的统计数据、深度分析报告、专家解读和热点资讯构建而成的专业学术数据。包括世界经济、世界政治、世界文化、国际社会、国际关系、国际组织、区域发展、国别发展等多个子库。